健康鑰方
生物訊息

Bio-information from Quantum Spin Field A Mystery Key for Health

李順來、陳冬漢——合著

推薦序一

生物訊息書序

國人在世界上引以爲傲、滿意度很高的全民健康保險，其年度預算由1995年成立之初的1640億元台幣，次年的2246億元，一路逐年增加至2010年的5077億元，到2019年已達7140億元（實際支出約7500億；而當年民衆爲自己醫藥保健的自費支出另有約7000億元之多）。

政府花的錢越多、人民自己掏腰包顧健康的錢花的越多、主流西醫越進步（醫院越多越大、專科越分越細、專家、設備、技術、藥物越精進、多樣），理論上大家應該越來越健康才是；但實際上：大醫院門診部人山人海、住院部一床難求，似乎國人的醫藥健康仍有很多可以精進的空間！

爲什麼？因素很多：健康可分爲物理（肉身）的健康、（生物）化學的健康、能量的健康、心理的健康、精神的健康、甚至靈性的健康！當前主流西醫的醫學教育及醫療服務過於偏重在前兩項肉身疾病的診斷、治療與復健可能是蠻重要的因素之一。極需集大家之力，敞開心，多花一些心力及費用朝身心醫學、生物能醫學及生物訊息醫學（可簡稱生物能／訊息醫學）發展及推廣！由身而心而靈、由精而氣而神、由物質而能量而訊息，走向全人（Holistic）、全方位的（Integrative）眞健康！

因此，我們一群醫藥健康的學者、專家及業界的同道們在2015年9月成立了「中華整合醫學與健康促進協會」：其目的就是在以「整合中醫學、西醫學、自然醫學、功能醫學、生物能／生物訊息醫學……的理論及方法」的「整合醫學」爲手段，來達到健康促進、「人人　知健康　行健康　得健康」的目標及願景！所以，當看到老朋友、也是協會的發起人李順來教授及他重要的研發搭擋陳冬漢兩人的出書「健康鑰方，生物訊息」，覺得非常高興，吾道不孤；要我寫序，旣惶恐又榮幸！

兩位作者將他們二十幾年來在生物訊息領域辛苦默默努力與耕耘的過程、經驗及心得，用儘可能嚴謹、科學實證的態度，深入淺出、引經據典，有所說有所不說（俗話怪力亂神的玄學）的將一般人往往覺得生澀、不可思議、不易瞭解的量子理論及量子生物學、順勢醫學、中醫、中藥……的理論、特色，以及生物訊息未來在人類身心健康、食衣住行日常生活及大自然環境、農漁畜牧……等產業各方面的運用，都做了有趣的介紹！極爲不易！對生物訊息較陌生的初學者，是很好的入門書；對已入門的同道，可由此書增加許多理論基礎及發展、運用的方向！

希望大家人手一本，反覆詳讀及思考，增長知識、擴展視野、認識生命、增進身心健康。祝福大家人人成爲生物訊息的受益者、施行者與推廣者！

林承箕　2021-06-23

內科專科&心臟內科專科醫師／心臟醫學會專科醫師指導醫師
美國自然醫學會　自然醫學認證醫師　同類療法認證醫師
法國順勢醫學教育及推廣中心（CEDH）順勢醫學認證醫師
中華整合醫學與健康促進協會（CIMPHA）創會及第二屆理事長
前三軍總醫院醫務長　兼代　國防醫學院醫學系系主任

推薦序二

介紹有中華文化特色的「生物信息」科學理論與技術探索書籍

因緣：因爲教育活動推廣與作者結識

因爲我在1995年左右參與了剛成立的中華生命電磁科學學會活動，所以也就自然的認識了早期的創會元老，如陳國鎮、李嗣涔、崔玖……等教授們，讓我這個在大學與研究所學材料工程出身的外商航空業好奇主管，能夠重新學習生命能量與生命訊息的全新科技領域，也讓我對於量子力學、共振現象、生命意識、頻率能量……等等語彙逐步熟悉，成爲我們共同創新與發展未來大健康產業與文化的基礎觀念。並且讓我有機會在2010到2014年間擔任該學會的理事長，以一系列每個月的現場並且上網的學術與文化性質活動，讓全世界的華人社群有機會與我們在台北現場的小衆幾乎同步學習到這個領域的最新知識。我就是在辦活動的過程中認識了兩位作者其一的李順來教授，隨後我們也一起參加了2016年新成立的中華整合醫學與健康促進協會的一些活動。

在2016年，我經由崔玖醫師的引介，認識到這生命訊息領域非常前端的德國量子儀器TimeWaver（時空波），於是決定離開我專業熟悉的航空系統領域，跳進去經由代理與推廣來學習人類潛意識與量子現象的關係，像是了解其核心科技是經由意識與亂數產生器共振，在信息場中快速對比與選擇至少七十萬筆以上相關心理大數據庫內容，並聯結人體健康有關生物能量與信息參數等等功能而達成。並且在與德國夥伴與華人夥伴與客戶的互動過程中，了解到這個新領域的發展歷史人物與群體意識演化進程，同時也看到這個領域與傳統心靈文化的必然互動與交流過程中突顯出現的各種挑戰。在2018年我們出版了這生物信息領域的兩本書：**量子天才第二春**（量子設備整合者的傳記，一中心出版社）與**信息科技的療癒**（量子設備工具與簡介書，優善公司自行出版）

推薦：生物信息的科學解說

所以我非常高興今年（2021）本書的兩位作者能夠以相對客觀理性的華人科技業者角度，來深入討論「生物信息學」的物理與生理信息理論與現象。尤其是由當年陳國鎮老師獨特的將心智（心靈）與信息兩者進一步分開的觀點作爲嘗試，這讓西方當紅的量子生物學（針對光合作用、動物五官感覺……等與微觀量子現象關係的最新生物學）與傳統中醫藥轉化來的：氣的科學（包括生物能量與生物信息兩個領域，甚至環境的相關改變。則分別與王唯工教授的能量共振、李嗣涔教授的撓場科學與天干地支節氣現象有關）等領域，有了比較脫離玄學、倫理與心靈轉化的觀察與可能實際應用角度。

作者之一由他研究植物化學博士論文過程中，發現植株之間不需要導電或中介物質就可以傳遞信息的奇特經歷開始，開始探索量子物理與電磁波理論的可能解釋，並將各方的**順勢療法**、**射頻電子**（或譯「放射電子」RADIONIC）與**良導絡／生物光子**……設備與論文拿來作參考與探就比較，因此能夠在過去三十多年間觀察與評估到好幾項國際知名（主要是歐洲科技界）的相關論戰與發展，譬如：

一、法國賓文尼斯特（Jacques Benveniste）教授對於「順勢療法」的實驗報告，在1988年刊登之後，被科學期刊

「自然」雜誌主編（學新聞出身）親自出馬帶領與一位已有明顯反對立場的魔術師聯合起來，壓制違反主流認可的還原論立場的爭議。

二、還有1900到1924年代美國加州的一位史丹佛大學病理教授艾布拉姆斯（Albert Abrams）博士，針對電磁場與疾病頻率相關的臨床實驗與創新「射頻電子」設備開發被所謂的「主流醫學」認爲有爭議性的研究與推廣行爲。當時正巧遇到由石化業剛剛轉型爲化學製藥業與美國醫學會，正在合作用政商與媒體力量，排除「對抗療法」之外的其他療法時間重疊（見**《洛克菲勒醫療人》**，這本英文書1980加州大學出版社，尙未被譯成中文），他的學生日後只好在美國保持低調，或轉移到歐洲才能生存下來，甚至到今天讓很多主要查詢網站，如維基百科都無法找到全然客觀的評論。

三、還好日後仍有1970年代起，德國的波普（Fritz-Albert Popp）教授，對於生物光子的研究。1995年俄國的琵普寧（Vladimir Poponin）及卡里耶夫（Peter Gariaev）教授，有關DNA殘留信息傳遞的實驗。加上2009年與2015年法國蒙塔尼耶（Luc Montagnier）於1993發現愛滋病毒而得到諾貝爾獎）教授，對於細菌與病毒DNA會產生弱電磁信號的論文。當然還有在台灣的少數華人科學家如李嗣涔與陳國鎮等教授對於生物訊息領域的一起努力與實驗，才讓更多讀者與團體接受了量子力學與系統科學的觀念，逐步將生物訊息有關的科學研究再次放上國際科技期刊的正式前緣。我因此可以認同李順來教授將生物信息科技的核心機制放在量子自旋場的效應與作用的觀點。

這本書同時也清楚分開了明顯是生物能量現象，但是卻經常被混淆來討論的：雷夫頻率（Rife frequency）、休曼波頻率（Schumann frequency）、遠紅外線（Far Infrared）、負離子……等現象。本書另外一個特點就是放入了中醫藥有關於：四氣五味、藥性配伍、歸經……等等觀念，嘗試在文化傳統的系統觀念上跳脫西方主流對抗療法，甚至順勢療法的觀念，並且用了：腦波儀、經絡儀與心跳變異儀（HRV）等現代生物能量儀器做爲實驗對比與檢查的手段，讓這團隊可以在紡織、發酵、保健食品、農畜……等等領域去嘗試創新的生物訊息組合與配置，這些都是需要在產品安全、有效與可重複性的科技測量標準的建立，並與市場瞬息萬變的環境因素上受到相當的考驗，我預祝這團隊保持正向理念與繼續創新成功。

結語：共同向善大家健康

在2018年初我有幸接待到一位遠從中國東北來到台北參觀德國量子儀器的氣功師父，他是民國初年大善人王鳳儀老先生的隔代傳承弟子，與大陸當今在全國巡迴示範王鳳儀同樣「講病」善行的劉有生先生，屬於同樣門派。在我們示範了一台電腦大小的德國量子儀器後，他說這儀器的能量很強，當它在空中信息場抓取資訊時，被測人的「怨親債主」會暫時讓開，但是並沒有走！（？）於是我問師父如何讓這些怨親債主離開，他說還是要用傳統文化中的懺悔、感恩、迴向……等等轉念與溝通過程，用謙卑與尊重的心情反省與感動對方才能成事分手。於是我們再請教他如何推廣這個與心智的成長密切相關的產業，他說「意識教育」對於這類推廣與提升人性意識層級的事業（志業）是非常重要的過程，不能夠偏廢，因爲當時我們已經看過不少奇特的受測人經歷，讓我們當然認同這說法！此時正好德國發明人想要用縮小亂數產生器的穿戴式裝置，分別成立一家公司用直銷網路的方法去推廣這量子加頻率的小型裝置，所以我再追問這樣去做好不好?!

這位師父很嚴肅的回答：不好！並且加了一句話：這類儀器不是用來直銷網路來賺錢的，如果眞要這麼做，不但賺不到錢，還有因果業力要承擔！！

現在是2021年七月，在過去三年多時間，我眞的有花時間在注意這位師父講得有沒有成眞，而我初步的結論是：「越來越接近」！因爲量子現象與潛意識相關，也可以通俗的講與「靈性」相關，如果我們不將自我心態中的三毒（貪嗔癡）先用轉念與慈悲的自我覺察程序與正面價值觀念去改變與實踐（這正是那位師父說正向心念教育的重要），任何外在科技上的改變（不論它是生物能量的頻率或生物信息的量子設備），並不能讓我們眞正的由靈性基礎上改變自己的精氣神／身心靈健康，也就是彰顯生命訊息的眞正人性意義，通俗的說就我們的「德行」是走上眞正健康大道的基礎，這也是我們中華文化一直由各方面提醒我們的三教核心，所謂「自覺覺他、覺行圓滿」之謂！相信這也是大多數華人能夠認同的健康價值，故樂爲之序！

樓宇偉　博士

中華生命電磁科學學會理事與
中華整合醫學與健康促進協會顧問

作者序一

李順來 博士

研究生物訊息這個領域需要進入新的視野及思維的角度，不能再眼見爲憑，應該開拓到比物質更高階的訊息頻率的領域，探究不可知、未曾知的事物及狀態。

人類的認知能力是逐步進化的，凡事過與不及都不是好事。不要過度去強化未知的領域，也不要過度排斥未知的領域，包容、理性才能讓人類的文明穩重的前進。

解讀中醫過去常常發現一些可信可疑的問題：

1. 同一個方子A病人有效B病人沒效？
2. 不同季節效果不一樣？
3. 同一個方子，不同醫生開立，效果不一樣？

事實上，這些現象早就存在，只是沒人能夠完全說清楚，爲什麼會這樣？有些人會認爲只是體質的不同，這只是其中的一個因素，其實物理學是可以完全解釋清楚，從物理的角度來看人體的狀況，可能會比從藥理學、生理學或現代醫學來看更明確。

本書的目的在於運用作者多年累積的經驗，從量子物理理論開始，由深到淺逐一解釋說明，這些現象的背後，到底包含了那些所謂的物理現象，讓這些可信可疑的問題，不再是玄虛的現象，而是**可以解釋與重複再現**的科學現象。

作者序二

陳冬漢

生物訊息源自於量子物理理論，目前民間大部分量子物理的應用，都還是使用哲學的概念在解釋，雖然量子物理與哲學在現象描述上看似相去不遠，但是科學本質上仍然還是與哲學不同，哲學只是一種思維，科學需要理論實驗驗證，希望不要混爲一談。

目前只有極少數的研究者眞正使用物理性質來驗證，主要原因是因爲純物理理論過於艱深，能夠實際了解的人有限，純物理研究者又極少有醫學的背景，或是往醫學上運用。另一方面主流醫學上的應用，都還是固定在西醫的臨床與中醫基礎理論上，非主流醫學往往以經驗醫學運用爲主，極少眞正深入研究量子物理背後的性質。因此量子物理與主流醫學一直都是平行線。

本書撰寫的目的，主要爲了解釋生物訊息的理論基礎與應用驗證，一個純科學的論述，透過作者多年的扎實研究、驗證與實務運用，詳細說明生物訊息的基本觀念與實務運用，解釋一些平常不解的現象背後的物理理論，讓不同領域遇到的這些問題，可以得到一個合理的解釋，不再被打爲沒有根據的說法。

整體內容因爲篇幅有限，對於生物訊息的整體知識，只能說到部分而已，不過這只是一個起頭，訊息醫學在研究論述上本來就還在萌芽階段，對於更高深的現象，我們仍然還在研究當中，期待突破。但是一個好的開始，可以在未來得到一個好的結果，發揮拋磚引玉的效果，一個玄虛的現象，可以用科學來解釋，並可以重複的驗證，讓原本已經存在的現象，不再因爲缺乏科學性的論述，而被打爲玄虛之說，這是我們的一個職志。

我們一直堅持在物質、能量、訊息的範圍研究，畢竟我們是人，對於更高層次的靈性世界充滿尊敬，故沒有能力也不敢越界，對於在靈性領域有豐富研究經驗的先知、先覺、先進們，我們也是滿懷尊敬，希望不吝指導，若我們在生物訊息的研究尚有不足的地方，請不要對我們苛責，或是覺得我們的領域過於基礎，因爲我們是站在科學的角度研究，只能一步一步的驗證前進，對於更高深的現象，在科學無解的情況之下，我們只能暫時擱下，並非沒有看到。

生物訊息的研究，除了人類世界的基礎研究，尚有更大更高的空間等待更多的先知先覺發現，我們只是努力做好掃地的基本功，期待未來可以與各位先進整合接軌，大家分工努力，必可對人類做出更多的貢獻。

我們研究生物訊息的過程中常常發生很多令人印象深刻的故事，就先舉出一個故事來讓讀者參與感受其中的過程，體會生物訊息的魅力。也能從實際例子中了解生物訊息眞的是無處不在。

生物訊息的奧妙——醫者意也

四年多以前，我們跟廣州中醫藥大學的第二臨床醫院，也就是廣東省中醫院一起研究陽掌氣功的訊息，在研究開始之前，廣東省中醫院安排了一些測試，爲了要證明我們的生物訊息技術是眞實的，不是弄虛作假。

其中一項就是藥方的訊息盲測，他們提供了不同的人所開的不同的藥方，要測試看看所謂藥方的訊息能顯示出有什麼不同，測試時，我們是完全不知道其內容是什麼，因爲開好的藥方都已經封起來，看不到任何的內容或是記號。

三個不同的處方簽測試的結果出來，（總體免疫值）一個是10分、一個是5分、一個是0分，他們的人員認爲踢館成功，因爲實際上他們提供檢測的藥方內容都是一樣的。三份都是一樣的藥方，怎麼可能測出來的訊息強度會不一樣？大部分的人都認爲檢測是不合格的，這時候我們把藥方拆開來，看看裡面的內容，確定藥方內容如他們所說都是一樣的。只是一份是院長開的手抄方，另一份是他讓他學生照抄一份藥方，第三份是他讓醫院的員工也照抄一份。

打開藥方後比對，才發現一個驚人的巧合，顯示訊息數值10分的這一份是院長手抄藥方，數值5分的這一份是院長學生抄寫的，他是一位年輕的醫生，而0分這一份則是醫院的職員抄寫的，他並非懂藥方的醫生。在盲測之下，重複測試藥方的訊息，同樣的藥方確實會因爲不同醫生開的，出現的訊息強度會不一樣。

若按照訊息強度的作用力，院長這一張10分的手抄藥方簽，都已經能直接產生效果了，再加上後面按照他的藥方去配的藥材，也都產生了不同的訊息強度。這個驚人的發現，剛剛好符合經驗、專業不同的人員，在開藥方的當下產生的意念內容與強度有極強的關聯度。

因此這個檢驗的事件成了廣州中醫藥大學每年新生訓練時，院長都會說的故事，並且對所有的新生特別強調，所謂的「醫者意也」，就是在指一個醫生如果專業上有足夠的能力，且有很強的意念要治好這個病人，就連他所開的藥方都已經有很強的訊息，何況病人按照他的藥方服用，效果一定會特別明顯。藉此嘉勉未來的醫生，要秉持「醫者意也」的理念，帶著善念與足夠的專業能力，才能成爲一個造福大衆的醫生。

看了以上的故事，是不是讓你對於生物訊息產生更多的興趣，想要迫不急待了解更多生物訊息的奧妙，故事只是我們研究的過程中，不經意碰到的例子，在不同領域我們碰到的例子眞的不勝枚舉，因爲不斷的發現與不斷的突破，也是一直讓我們維持高度信心與激勵的動力來源，可以20幾年日日夜夜的研究開發，必須要有極爲強大的動力，從我們所遇到的這些例子中，任何一個都足以讓我們興奮很久，讓我們的動力一直維持在高點。

讀這本書之前，不管你是專業人士或是一般民衆，要請你先放下原來的一些既定觀念，因爲生物訊息是一個日常生活處處可見，但是理論鮮爲人知的一種現象，某些觀念可能會顚覆原本的知識與認知，一個新的科學發展總是起於未知的領域，用一個已知的知識要驗證未知的現象本來就無解，只能先接受現象的存在，再去研究驗證這些新的科學知識。大家有機會閱讀到這一本書，不妨先放下既有的觀念，從一個歸零的角度，一步一步進入這一個既陌生又親切的科學領域。

特別感謝

當然兩位作者只是代表，所有的論述完善還是得歸功於包含兩位作者的研究團隊，這個團隊在過去10幾年持續的努力研究與驗證，才能完成這些突破。

目錄CONTENTS

前言

以往我們看待生命與研究生物體時，是從可見的物質層面開始，慢慢地拓展到能量論述的研究，同樣的，相對於追求身體的健康狀態，也是從物質層面做起，而後延續到能量層面的探索。但仍舊有許多問題無法從物質或能量層面找到答案與方法，以至於在維繫生命與身體的健康狀態時，總未能達到全面與完善的情境。

陳國鎮老師曾在他的書中提出了生命是物質、能量、信息與心智的多重結構體，這個對於生命的完整架構論述，我們非常認同。他提出的信息醫學的理論，告訴我們，**生命並不是只有物質和能量的唯物論，在物質和能量的上層，還有形而上的信息（訊息）包括心智（心靈）的部分。**

要如何簡單的理解這個生命架構，我們可以用電腦的運作來做比喻：

生命的物質就如同於電腦的硬體；

生命的能量就如同是開啟電腦的電力；

而生命的訊息則好比是電腦軟體指令。

這樣的比擬說法讓人很容易能了解物質、能量、訊息所扮演的角色。

一般談到生物訊息（Bio-information），通常最常聽到的論述是從生物學的角度來看，將生物訊息視爲DNA基因序列所傳遞的訊息，而可見的DNA訊息傳遞通常是透過不同蛋白質的序列來傳遞訊息。

本書要談論的生物訊息與生物學定義下的論述有本質上的差異，與陳國鎮老師相同，是從物理學的觀點來看生命架構中的重要的組成－【訊息】。生物訊息場來自於自旋場（Spin Field），是組成宇宙萬物的最基本的粒子的自旋所疊加而成的場域（field）。

而從物理學的角度來看，也可以清楚的發現，生命的架構是建立在物質、能量、訊息三個基本元素，每個元素的作用都可以對應到一個物理性質的場（field），不同層次的問題需要用不同的方式來處理：

一、**物質對應到重力產生的重力場**，可以透過分子的作用，補充人體組織的營養素與熱量；

二、**能量對應到電磁波產生的電磁場**，可以透過電磁場的作用，協調人體組織器官的運作；

三、**訊息對應到量子自旋產生的自旋場**，可以透過量子訊息，提供正確的指令，驅動能量、物質得以正常運作，三者之間需要協同作業，缺一不可，就像一個完美的金三角。

唯有三者都在適當作用、均衡和諧之下，生命才是正常的、身體才是健康的。

本書先定義我們所研究內容的範疇，並有序的從生物訊息的理論、實驗到應用、驗證，一系列的脈絡來呈現，期望讀者能清楚的理解這個理論的發現，都是使用科學的方法所推導出來的結果。時下所謂的能量醫學、訊息醫學或自然醫學，依然未能獲得社會主流的認同，最主要的原因就在於其論證不夠完整。因此，我們認爲能清楚嚴謹地從物理學的角度來詮釋生物訊息，才能爲生物訊息建立更嚴謹的科學觀。並在未來獲得更多的科學論述，而得到主流醫學的認可。

讀者若能因爲閱讀本書，從理論或實用面得到對訊息更清楚的認知，而能以客觀科學的角度來認識訊息，補足以往只有物質、能量的世界缺口，清楚的看見與面對完整的生命架構，這也是我們最大的期望。

#【健康】有了生物訊息才完整

（訊息、能量、物質完美金三角）

第一章
已然持續運作的生物訊息

第一節
如音樂般讓人重拾快樂的藥草

時間回到三十多年前，筆者在英國伯明翰大學（University of Birmingham）修完一年的碩士課程，申請直接攻讀生化工程博士學位。在博士入學口試那一天，主審的湯瑪士教授（Professor Neale Thomas）劈頭就問：「想從事什麼樣的研究主題？」當時我回答：「中草藥的相關課題。」又問：「爲什麼？」回答：「我來自東方，有應用草藥的傳統，對中草藥的效果一直深信不疑，但目前的科學似乎無法完全解釋中草藥的奧祕，所以我想解開其神祕面紗。」

湯瑪士教授進一步問道：「在不了解藥理作用的情況之下，古代的中國人怎麼預測中草藥的治病功能呢？」我想了很久，後來才回答道：「我不是中醫師，並不了解中草藥的眞正作用機制。但中國人的藥理概念與西方國家大不相同。中文的『藥』是由『草』及『樂』二字所組成，『樂』有音樂與快樂兩種意思；可見古人認爲治病用的藥，其實是一種用『草』記載下來的音樂，是很快樂的。而音樂講求的是『和諧』，中醫治病開藥方給患者服食，其目的也在找回（回復）身心平衡與快樂。」教授顯得很有興趣地追問：「你是說草藥是一種音樂，我沒聽錯吧！」我說：「從中文的『藥』字來解釋，的確帶有這個意思！」他聽了之後笑笑地說：「眞的很有趣（That is very interesting）」！

就這樣，我很幸運的獲得英國教育部獎學金，並拜入劍橋大學（University of Cambridge）物理系出身的湯瑪士教授門下攻讀博士，但因他對生物不是很了解，於是另外找生物系的植物學家福羅依德（Professor B.V. Ford-Lloyd）當共同指導教授（湯瑪士爲第一指導教授），研究主題爲：「環境物理參數對藥用植物成分之影響研究」[1]。

在英國伯明翰大學念書的那幾年裡，我一直不斷重複的工作就是：種植藥草，改變生長環境，取樣分析成分變化，再依據分析結果修改種植條件、重複實驗。湯瑪士教授是物理學家，剛開始時跟他討論（meeting）的壓力很大，因爲他不管什麼DNA、蛋白質表現或植物代謝，只要我從物理學的角度詮釋實驗結果。在他眼中，所有的生化反應就是一連串物理變化，再複雜也會牽涉到物理參數的交互作用，所以每次討論實驗結果，一定要很明確的回答與哪一種物理參數有關，如果只由生物化學的方向解釋，他就覺得不滿意。一旦無法回答，他就要我回去好好念書，下星期再來回答同樣問題。於是每次討論過後，背包內就會多出一堆書；在博士班苦讀的那幾年裡，幾乎三分之一的時間都待在物理系的課堂裡，爲的是應付每個禮拜與指導教授的討論。

與福羅依德教授討論又是另一番景象。他是一位溫文儒雅的英國紳士，專長在植物分子生物學，往往要我由物理參數所引起的生化機制去解釋實驗結果。所以在學校的另外三分之一時間，就花在醫學院的分子生物系上課；剩下的三分之一時間才留在本系（化工系）研讀生化工程理論。

在那一段唸書唸到快要神經錯亂的歲月裡，唯一可讓人感到欣慰的，是可以花少少的錢，就能聽到世界一流的伯明翰交響樂團演奏。當時的指揮家即前柏林愛樂交響樂團的指揮賽門拉圖（Sir Simon Rattle）大師。那時不論心情多煩悶，只要躲到演奏廳，聆聽優美的音樂，所有的煩惱就立刻拋到九霄雲外，比任何仙丹妙藥還有效。當時我才忽然體會到中文字「藥」的深刻涵意：音樂是一種藥，配藥就好像編曲；只要配得恰到好處，就可以讓人身心舒暢。聆聽音樂演奏可以治好我的煩悶（病）、平撫情緒起伏，不但自己回復快樂，還能讓多數人產生共鳴；所以說藥是一種具有音樂特質的草，也是一種可以讓人快樂的草。

第二節
令人震撼難解的植物祕密

就在研究接近尾聲時，我們在實驗農場進行最後一組實驗，這組實驗是探討植物與環境壓力的互動關係。在實驗室內我們已證實，當生長環境變差時，植物會停止生長，並開始合成次級代謝物質，這些次級代謝物質就是爲了對抗環境壓力所產生的生化物質，而這些物質也是植物活性成分的來源。

這些壓力因子包括：環境因子（如溫度變化、光線、鹽濃度變化），生化因子（如賀爾蒙、營養成分），生物因子（如微生物、昆蟲），物理因子（如機械力、電磁場強度）。

分化誘導因子在植物生理扮演的角色已被研究相當透徹，一般而言，誘導因子就是指會對細胞的生長構成壓力的因子，他們會使細胞在壓力下暫時停止成長，以將寶貴的能量與前趨物質轉化成具特殊生理功能，或防禦力的代謝物質，以抵抗這些誘導因子的壓力。細胞擁有這些化合物後就會產生特異化，並因此而分化成爲特定的組織、器官，使生物體可應付各種生長、環境、生態的變化。通常具有特定醫療效果的植物藥物都是來自於細胞分化後的次級代謝物，也因此**中草藥的原生環境常是極端特殊，因爲他們需要壓力的刺激才能產生相對應的藥效成分，將藥用植物栽種在溫室內總是達不到預期的結果**[2]。

眾多因子中，我們最有興趣的是：植物與昆蟲之間的關係。依據科學家對植物生態的了解，野生植物鮮嫩的初生葉常常是許多昆蟲食物的來源，昆蟲雖然攝食植物使植物受到傷害，但植物往往也需要昆蟲來幫助他們傳播花粉，二者之間往往會演化出一種相互依存的共生關係。然而植物本身畢竟是弱勢者，爲了避免樹葉被大量咬食，許多植物通常會合成次級代謝物來干擾昆蟲的過度攝食行爲，以便在自體受傷與傳宗接代間尋求平衡點。植物富含的萜類代謝物、植物鹼、植物固醇類、植物性生長因子都是植物爲防禦昆蟲的代謝產物，這些代謝物就是藥用植物的活性成分。爲了探討蟲咬與植物的活性成分之關係，我們就利用剪刀模擬蟲子咬葉子的機械破壞現象，然後定時採樣，追蹤蟲子咬食後植物的代謝成分含量是否因此增加。

結果如預期，整株植物的葉子內對蟲子有毒性的代謝物的含量均大幅度增加。這結果證實我們的推測，**植物體內有一種訊息傳遞的機制，當其中一個葉子遭受攻擊時，其他的葉子會接受到來自被攻擊葉子的訊息，啟動毒性代謝成分的製造，以預防其他葉子進一步遭受昆蟲的攻擊**。這樣的結果符合預先的期待，也可證實**植物體內擁有一套訊息傳遞機制**。但在好奇心的驅使下，我隨機的取下其他植株的葉子，想看看其他植株是否也會接受到受攻擊株的訊息。當我開始採樣時，同實驗室的學生都笑我太異想天開了，不同植株間雖有賀爾蒙傳遞的可能，但受攻擊訊號應該是很微弱，也只屬植株內的傳遞途徑，植株間的傳遞途徑應該是不存在的，否則植物豈不是像人類一般聰明會互相示警了，說不定植物還會戀愛呢！也許拜英文不好的緣故，我懶得與他們爭辯，只想默默驗證這個理論。

一星期之後分析結果出來了，出乎意料之外的，幾乎所有採集到的葉子都顯示異常高的次級代謝物，這是一個讓人既興奮又迷惑的結果。因爲這代表植物間的確存在著訊息溝通的管道，但這管道是什麼，沒有人知道。在驚訝與興奮之餘，我不敢將結果立刻告知指導教授或同學，只是默默計畫下一個實驗，以確認結果。就這樣又歷經了一年多，實驗才完成。

整個實驗分做兩區進行，一區爲控制區，另一區爲實驗區。兩區距離約50公尺，每一區範圍爲100平方公尺，每一個區域栽種約五百株的植物。我將實驗區的部分植株予以機械破壞，控制區的植株保持完整，然後取樣分析控制區與實驗區內所有植株葉子的成分變化。令人驚訝的結果出來了：不論是實驗區或控制區內的植株，都因部分植物受攻擊而升高次級代謝物的合成，這種代謝物含量異常升高現象，是全面性且與區域無關。儘管控制組的植株與實驗組相差50公尺且未遭受破壞，但其次級代謝合成機制還是被啟動了。這代表所有植株都因某種未知的原因而啟動了次級代謝物的合成。

後來我又進行了六次實驗，每次時間約一個月。結果發現：若全區植物來自同一個基因組成（分生苗植株）時，無論實驗區或控制區的植株都會互相影響，也就是說**不同區域的植株間，存在著訊息傳遞的管道**。但若用不同基因組成的植株（種子發芽植株）進行實驗時，這種代謝物異常升高現象就不明顯，這代表**訊息傳遞的管道似乎與基因同源性有關**。實驗結果也發現，這種訊息傳遞也會受季節影響。若是春天時進行攻擊，植物訊息傳遞的現象最明顯；若是夏天到秋天，植株葉子因機械破壞而產生代謝物升高的現象就不明顯。另外，清晨、中午、傍晚與訊息傳遞也有關係。由這些結果我們可以推估：植物間的確存在著未知的訊息傳遞管道，但這種訊息傳遞路徑受環境與植株的基因組成影響很大，以致訊息傳遞並不穩定，這也是自然界很難觀察到這個現象的原因。

接下來的幾個月裡，我一邊修改實驗條件，一邊搜尋所有的學術研究資料，試圖找出可以佐證這個結果的論文，但結果毫無所獲。當時心想：「這是一個新發現還是一個錯誤的實驗呢」。由於實在沒有把握，也找不到佐證資料，因此就不敢寫在論文中，以免口試時引來麻煩。就這樣我將這組實驗結果留住不發表，直到論文口試通過那一天，在與口試委員與指導教授們餐敘的晚宴上，才跟老師們提及這個很令人興奮但不解的實驗結果。

當時，聽到這個實驗結果的老師都感覺很訝異，一直追問研究的細節。很有趣的是，當時老師分爲兩派，一派認爲植物遭受攻擊時可能會釋放新的化學物質警告其他植株，若能將這示警物質分離出，將是植物界非常大的新發現。另一派則從頭到尾都認爲是我做錯了，因爲卽使是合成新的化學物質也不可能傳的那麼遠，除非是物質以外的傳遞途徑才有可能不受距離影響，但以當時學術界的了解，植物是不存在著物質以外的聯繫管道。就在大家爭論不休時，一直沉默不語的湯瑪士教授忽然說話了：「Oh! My God! It is plant telepathy phenomenon resulting from quantum resonance effect.」。與會的人大概只有我注意到湯瑪士教授的話，但當時我並不了解他的眞正意思。心想，反正學位拿到了就好。就在回國之前，湯瑪士教授對我說這是一個非常重要的發現，他想在物理期刊上發表，因爲他認爲：這是生物版的「EPR實驗」（當時，我哪知道「EPR」是什麼？）。

我將所有實驗結果彙整給老師之後就回國，從此很少去想這件事了。剛回國任職的前幾年，收到湯瑪士教授發來的信件，他告知我，我們有許多篇論文被接受刊登的消息，但是植物間訊息傳遞的那一篇論文一直被退件，原因是無任何理論可證實這個結果。儘管如此，他還是一直不斷修稿與投稿。在他退休前最後一次的來信，湯瑪士教授提到：「假如這篇論文被刊登，他將名留青史」。顯然，他的夢想終究未能成眞。我不知道他現在是否還在做他名留青史的夢，還是正躺在倫敦郊區的鄉間享受他的晚年生活。不過，假如他知道近幾年生物物理學的發展，相信他一定感到很扼腕。其實他是一位眞正了解生物量子效應的人，只是生不逢時罷了。

註解：EPR悖論

1935年，愛因斯坦（Albert Einstein）與波多斯基（Boris Podolsky）、羅森（Nathan Rosen）三人共同發表一篇論文〈物理實在的量子力學描述能被視爲完備的嗎？〉。這個後來以他們三人姓氏開頭字母簡稱的「EPR悖論」設想了一個思想實驗：A、B兩個粒子交互作用後彼此遠離。雖然不確定性原理指出：位置越精確則動量越不確定，反之亦然。

但我們可以只測量A粒子的動量，而根據守恆定律推算出B粒子的動量；同時我們只測量B粒子的位置，也可得知A粒子的位置。如此一來，我們就可以同時知道兩個粒子的動量與位置，但量子力學卻無法同時表述出這兩個物理量的值，可見它並不完備。

薛丁格讀了這篇論文後，深表同意，並用「量子糾纏」這個名詞稱呼這兩個產生交互作用的粒子，指出其荒謬之處：若按照哥本哈根詮釋，測量A粒子才讓它從各種可能性的「疊加態」崩陷爲某一特定狀態；而在此瞬間，B粒子也會從疊加態崩陷爲與A互補的狀態。假設我們等這兩個粒子相距甚遠才測量，那麼測量仍在地球的A粒子竟會瞬間影響已經遠在冥王星的B粒子，豈非違反了狹義相對論已經證明的「光速是無法超越的極限」?!

愛因斯坦聞之也附和嘲笑這根本是「鬼魅的超距作用」。然而量子世界中似乎眞的存在超距作用。愛因斯坦過世十年後，愛爾蘭物理學家貝爾（John S. Bell）於1964年提出檢驗量子糾纏是否存在的實驗方法。等到一九八〇年代技術成熟以後，許多實驗的統計結果都違反了「貝爾不等式」，代表量子糾纏的確成立。

愛因斯坦爲了駁斥不確定性原理而提出EPR悖論，沒想到反而開啟一連串研究，證實了更匪夷所思的量子糾纏現象。或許正如波耳所說的：「如果你沒對量子力學深感震驚的話，表示你還沒瞭解它。」

第三節
東方醫學的奧祕在於看不到的氣

回到台灣後加入藥廠，進行藥物的研發工作。那時，第一次接觸到安慰劑效應。所謂安慰劑效應，是指病人在接受不含任何藥劑的仿製藥物，仍被告知他服用的是眞實的藥物，結果仍然能獲得臨床效益者。在臨床上，新的藥物開發時，要採用雙盲試驗，其中一半的人，服用含有測試藥物的實驗組，另一半則服用外觀與測試藥物相同，但不含藥物的安慰劑組。受測試的病人及醫生都被告知，他們服用的藥物，都是含有測試藥物，但其實哪些人服用含有測試藥物的試劑，哪些人服用不含藥物的安慰劑組，病人與醫生都不清楚，只有到臨床測試結束，進行解盲的時候，才知道實驗結果，試藥組的有效率要明顯高於安慰劑組，才能被判定是眞實有效的新藥。

之所以會有這樣的設計，主要是因爲，**許多的臨床測試證實，不含任何藥物的安慰劑組，其有效率竟然高達三成**，也就是說，**即使你給病人麵粉，但告知他，他服用的粉末含有有效的成分存在，有將近高達三成的病人，將因此獲得治療，這就是安慰劑效應**。科學上，無從解釋安慰劑效應的由來，只知道病人的心理狀態、生理狀態、靈性狀態，會受到正面訊息的影響，**只要你能夠一直不斷地給予病人傳輸正面的訊息，有些病人的疾病，將因此獲得治癒**。反之，態度是消極負面的病人，藥物的治療效果將大打折扣。對一個研究新藥的人，安慰劑效應一直是個謎，也是個困擾。因爲我們無從預估這個效應的由來，而新藥開發的時候，又必須將這個因素考慮進去，因此，在臨床試驗時才有雙盲試驗的設計，以排除這個效應。

而實際了解，測試新藥的眞正有效率是否達到預期，第一次接觸到安慰劑效應時，覺得它有些困擾人。但換個角度思考，假如我們有辦法了解安慰劑效應的眞正內涵，也許我們可以利用安慰劑效應，將有效率提高至五成、六成以上，那麼安慰劑就變成是一個很好的藥物了。臨床上，我們常常聽到很多醫療奇蹟，也遇到過民俗療法，治癒很多絕症，這樣的醫療案例，在民間常常流傳。這些故事，雖然不被正統的醫療所接受，卻是許多病人在正統的醫療治療無效之下，可以救命的最後一根稻草。我們雖然不清楚安慰劑效應的眞正機制，但有一點確定的是，**安慰劑效應與正面訊息有關**，只要病人能夠維持以正面的態度來面對疾病，則他被治癒的機會就比較高。因此，**安慰劑效應似乎跟生物訊息有關**。

除了正統的醫療用藥以外，華人社會非常流行使用中草藥來治病，一般使用中草藥的方式，是將中藥材用水或酒精進行泡製、或加熱煮過後獲得的液體，就是中藥。患者服用這些藥劑，疾病的症狀，就可獲得緩解或治療。乍看之下，中藥治療疾病的模式，和西藥很類似，都是利用藥材中的有效成分來治療疾病，若進一步的了解中藥，則發現，中藥治療疾病的模式遠比西藥更爲多元化。中藥有一部分治療疾病的模式和西藥類似，但有更大一部分的中藥，其治療疾病的模式，完全與西藥不同的。**傳統中藥講求的是扶正祛邪，是利用中藥來扶人體的正氣，人體的正氣只要夠強，外來的邪氣就無法干預**。因此，中醫在治病時，非常強調將病人的因素做爲首要的考量，治療疾病時，首先強調的是病人本身的正氣多寡，並將陰陽調節至平衡狀態，病自然就會好。

在這種邏輯之下，天下所有的東西都是藥物，只要運用得當，都可以用來治病。所以，中藥非常強調「性味歸經」、「升降浮沉」，治病時，中藥要依據這些特性，將人體的正氣引導到正氣虛弱的地方，或將邪氣引導出身體之外。過去不了解中醫，總是用西藥的角度在看中藥，這樣往往無法了解中藥的精髓。例如，曾經有科學研究指出，傷寒論中的桂枝湯根本不具療效，因爲在動物實驗或細胞實驗中，桂枝湯並無法抑制或殺死感冒病毒，因此無法治癒感冒。乍看之下，這個實驗是對的，然而卻不符合中醫的理論。桂枝湯本身並不具有抑制或殺死病毒的能力，而是透過調節身體的機能，使身體鬱積的熱能得以散出，同時，提升人體的新陳代謝力。人體在正常運作之下，免疫力自然就會提升，外來的病毒在這種狀況之下，就會被人體的免疫力消滅，或逐出人體。所以**中醫在治病時，人體是主體，中藥是用來刺激人體，使人體的自癒力發揮出來，如此就可以達到治病的效果。**所以中藥針對的對象是人，而非疾病本身。這也是爲什麼在中醫的眼中，天底下的萬物都可以拿來當作藥用，即使最毒的毒物，只要使用得當，就可以成爲救命的仙丹。

中醫治療疾病，除了物質的層次以外，還要考慮到氣的層次與神的層次，就是所謂的精、氣、神。氣的概念，來自於中國的哲學、宗教和醫學。春秋戰國時代的思想家，將氣的概念擴展及抽象化，成爲天地一切事物組成的基本元素，有著像氣體般的流動特性。古代中國人相信，人與所有的生物均具備生命的動能，宇宙間的一切事物，都是氣的運行與變化的結果。傳統的中醫認爲，氣聚於體內，保護著人體的五臟六腑，氣流散於膚表，以防外邪入侵，所以氣是人體的第一道防線。中醫在治療疾病時，非常講究人體的元氣，元氣足，則百病不侵。

中醫在評定一個藥物的好壞，也以該藥物是否會增加或減弱人體的元氣，當作第一考量。《神農本草經》將藥物分做上藥、中藥、下藥三種。其中上藥除了治病以外，還可以提升人體的正氣，有病時服用上藥可以治病，沒病時服用亦可強身。中藥是指可以治療疾病以外，對人體的正氣並沒有太多的助益，甚至略有損傷。因此中藥只適合在生病的時候使用，過度服用這些藥物，對人體並沒有好處。下藥是指具有治療疾病的效果，但本身也具有毒性的藥物，使用這些藥物時要非常小心，一定要考慮到這些藥的毒、副作用。

現在臨床上使用的藥物，臨床效果非常好，但毒、副作用也非常強，因此，根據傳統中醫學的分類，這些藥物當隸屬於下藥。由於一般的藥物存在著副作用，所以，藥物要講求配伍。中醫藥的君、臣、佐、使的配伍概念，就是要增加藥物的療效，並抵消毒、副作用。所以，一帖好的中藥，就是要能將藥物的藥效發揮到最高，而毒、副作用降到最低的複方。

中醫的氣，雖然很難加以量測，但卻是具體存在的，至於氣到底是甚麼，也是各說各話。也許中醫的氣有很多種不同的內涵，導致氣這個概念，很容易被混淆。雖然氣很難說明，但我們可以用能量來加以類比，也就是說，一個人氣的多寡，就猶如這個人所具有能量的多少。健康的人，體內的氣充足，就猶如一部機器在運轉時，電源的供應是充足的，擁有足夠的能量，這部機器即可運作正常。反之，假使電力不夠，即使機器本身是正常的，但由於電力供應不足，這部機器就無法順暢運作。長期在電力不足的情況下，機器就容易損壞。所以，中醫講究元氣，就好像一部機器講究能源的供給一般。假如，一個人的元氣不足，本身沒有疾病，但人體沒有適量的能量供應之下，人體將因而產生虛弱現象，人體的生理運作，也將因能量供應不足，而導致功能低下，甚至當機的現象出現。假若在此時，有外來的病菌侵入時，人體將無力抵抗，最後就容易生病。所以中醫在治病時，非常強調休養的概念，所謂休養就是修生養息，當虛弱的身體在休養中，慢慢累積能量，回復正常。

中醫談到人體的健康，還有第三個層次，就是神。所謂神是指人體特定功能的外在表現，是精神、意志、知覺、運動等一切生命活動的最高統帥，它包括魂、魄、意、志、思、慮、智等活動，通過這些活動能夠體現人的健康狀況。古代人很重視人的神。《素問》說：得神者昌，失神者亡。中醫治病時，用觀察人的神志來預判病人的恢復狀況。有神氣的人，預後通常良好，沒有神氣的人，癒後往往不佳。所以中醫在判斷疾病時，往往用：望、聞、問、切四診合參，其中望診是最主要也是最重要的診療方法。

中醫學的神，亦稱爲人體之神，是人體生命活動的主宰，神能協調五臟六腑的生理功能，調節精氣、津液的代謝，調暢情志活動，是人體生理活動和心理活動的主宰。神源於先天之精，有賴於後天之精的滋養而健旺。因此，中醫診病，以望診爲首要。把神的盛衰作爲了解臟腑精氣、氣血盈虧的重要指標。所以，**現代的人認爲中醫的神的眞正內涵，就是指訊息**。由觀察人的神志，就可以掌握人在神志之間所釋放的訊息，從而了解人的健康、心理、精神及思想的狀態，所以養神一向是中國人最講究的。傳統中醫認爲，適當的順時調養、清心寡慾，卽可達到養神的目的。順時就是順應四時變化，具體的做法是：春三月應以使志生，卽要保持情志充滿生機；夏三月應使志無怒，卽保持情志順暢充沛；秋三月應使志安寧，卽保持情志安逸寧靜；冬三月應若伏若匿，卽保持情志的內守而安靜，使內心保持平靜。

綜合以上可知，「神」在人體生命活動中占有重要的地位。當代社會經濟發達，物質豐富，人們更加注重健康，需要向大家建議的是：我們除了要鍛鍊身體外，更重要的是調養精神。常說生理健康，「心」健康即是樂觀、調適心情、控制壓力、淡泊名利、感恩等積極的心態，即《內經》說：「恬淡虛無，眞氣從之；精神內守，病從安來？」這句話大概是生命健康的眞諦吧！

第四節
西方順勢療法的精髓在於訊息

相較於東方，西方人並不時興用草藥治病，除了主流的化學藥物以外，有許多西方人，習慣用順勢療法來治病。**順勢療法又稱爲同類療法，英文叫做Homoeopathy，意思是利用能產生相同或同類的藥物來治病（like cures like）**。西醫過去幾百年來的主流，都是利用可以產生與疾病相反症狀或直接殺死病原體的藥物來治病。例如：治療便祕，就用一些可以促進腸胃蠕動的藥物來治療；治療高血糖，就把血液中的糖分降低。這種對抗身體疾病的方法，雖然可以把症狀抑制，但由於並非針對疾病的本源治療，因此會造成嚴重的副作用。順勢療法卻採取完全不同的策略，它是利用作用力與反作用力原理，讓病人服用會造成與疾病相同或類似症狀的藥劑。病人在服用這種極度稀釋下的藥劑，身體因而會產生與生病類似的症狀，因而激發身體對抗這種病症的本能，最後達到治療疾病的目的。

順勢療法源於德國，有超過二百年的歷史，創始人是山姆赫尼曼醫師（Samuel Hahnemann），他發現那時候的主流醫生，以放血、水銀、大劑量、多種藥物混合等激烈的方法來治病，這些方法對病人的傷害有時大於益處，於是，他一直致力於尋找更好的治療方式。1790年，當他把著名的嘉倫（Cullen）藥典，由英文翻譯成德文時，讀到藥典說，金雞納樹皮可以治療瘧疾，是因爲金雞納含有苦味的結果。赫尼曼醫師不以爲然，他認爲很多藥物都有苦味，爲什麼偏偏是金雞納才可以治療瘧疾呢？於是他親身服用小量的金雞納，然後就出現發冷、發熱、出汗，又有腹瀉，整個人虛脫似的——情況就如同患上瘧疾一樣！他反覆嘗試，都有相同效果。他開始推論，金雞納可以治療瘧疾，就因爲它能產生瘧疾的相同症狀。往後多年，他繼續嘗試不同藥物，他得出結論，一種藥物能夠治療疾病，就因爲它能夠產生相同的症狀。1796年，他首次把這個新的治病理論發表，標記了順勢醫學的誕生，並開始利用這套新方法治療疾病。

1796年，赫尼曼醫師首次把這個新的治病理論發表，並利用這套新方法治療疾病。1813年，他在德國萊比錫大學任教時，拿破崙的軍隊正從俄國戰場敗退至萊比錫。返鄉的部隊，同時帶來了傷寒病，導致傷寒病大流行，赫尼曼醫師使用順勢療法來治療傷寒，在180個案例中，治癒了178個，死亡率不到百分之二，這比當時治療方法治療此病時死亡率20-30%要低很多。赫尼曼醫師繼續發展此方法，他將藥物溶解於水中之後，此水溶液稱爲母酊，然後取1c.c.的母酊溶解在9c.c.的純水中稀釋，此稱爲1X。再取1c.c.的1X液體，加入9c.c.的純水稀釋，此稱爲2X，如此重複稀釋至數十次至數百次不等。若稀釋時是用1：99的比例來稀釋，此稱爲1C，若再取1c.c.的1C液體，用99c.c.的純水稀釋，此稱爲2C，其他以此類推。

根據此方法，在稀釋多次之後，藥物分子幾乎已被完全稀釋掉，在化學上，幾乎找不到藥物分子的存在，這樣的水溶液，理應不含有藥效，但赫尼曼醫生發現，這些高度稀釋的液體，仍含有藥物的療效，且稀釋度愈高，藥效愈強。這樣的結果，與傳統的藥物學背道而馳，因爲根據傳統理論，在幾乎不含藥劑的水溶液中，是不會有藥效的，但順勢療法爲何會有藥效呢？兩百多年來，順勢療法的擁護者，仍然深信，他們的藥物是有效的。他們宣稱，順勢製劑在製備過程中，在每次稀釋之後，都要把盛載著稀釋藥物的試管，上下振盪一百下以上，**在振盪的過程中，藥物的訊息就會傳播至水分子，而保留於水中**，因此，雖然稀釋後水幾乎不含藥物，但保存著藥物的訊息，所以，喝水就如同吃藥一般。

順勢療法的理論一直沒有經過科學證實，但順勢療法的製劑仍擁有實際的臨床價值。有許多科學家想揭開順勢療法的祕密，其中最有名的就是賈寇斯班維尼斯提醫師（Dr. Jacques Benvenniste）提出的水記憶理論最受矚目，也最受爭議。賈寇斯班維尼斯提醫師是法國有名的免疫學家，他於1974年起，發表數篇血小板活化因子的論文而成爲法國國家衛生院免疫學的領導人。後來，有一位學生請求賈寇斯班維尼斯提醫師讓他在實驗室內，以免疫學模型驗證順勢療法的運作原理，實驗結束後，於1988年在極著名的自然（Nature）雜誌發表實驗結果，賈寇斯班維尼斯提醫師等發現，當用水把免疫球蛋白E（簡稱IgE）之抗體（Anti-IgE）重複稀釋振盪，直到水中不含Anti-IgE後，卻仍然能把嗜鹼性細胞的顆粒分解。他們發現，經過稀釋37次的Anti-IgE水溶液，其分解組織胺的能力竟是稀釋三次的Anti-IgE水溶液的三倍。也就表示，稀釋愈多次，效果愈強。這個結果違反一般人的常識。

所以，論文刊登之後，造成很大的爭論，有許多的科學家重複他的實驗，卻無法得到與他相同的結果，於是大家懷疑他造假。自然（Nature）學刊後來派出一組人員，包括一位魔術師，到他的實驗室調查，在前四次實驗中有三次重覆出賈寇斯班維尼斯提醫師的結果，調查小組要求再進行三次實驗，實驗結果就不支持賈寇斯班維尼斯提醫師的結論。雖然調查小組的結果無法證實或否定賈寇斯班維尼斯提醫師是否造假，但自然（Nature）雜誌仍要求賈寇斯班維尼斯提醫師撤回其論文。經歷這個事件之後，法國政府就停止贊助其研究經費，但這也不能阻止他繼續研究順勢療法之原理。賈寇斯班維尼斯提醫師認爲：水中所記憶的訊息可能是某種電磁訊息，之後發明了一套儀器，可以將藥物的訊息記錄下來。他的方法是將測試溶液試管放在線圈中，同時發射白雜訊（white noise）之電磁波訊號，再以線圈收錄訊號後，加以處理並儲存，這些訊號數位化（digitize）後存在電腦硬碟或光碟，可以網路傳至遠方，再播放至水中，使水變成訊息水，此訊息水亦可有作用。因此，他將他的實驗室命爲《Digibio》，並進行了其他不少的實驗，只是研究成果無法在大型期刊發表，多數只有在學術研討會的論文海報發表。

自然學刊事件的12年後，由布魯塞爾天主教大學M Roberfroid教授領導，在法國、意大利、比利時、荷蘭四個獨立實驗室進行十分嚴謹的實驗。這次重覆稀釋、振盪的對象是組織胺（histamine），組織胺對嗜鹼性細胞有反向回饋抑制效果，也可以使嗜鹼性細胞之顆粒分解。他們繼續進行多種實驗方式，最後仍證實賈寇斯班維尼斯提醫師的觀點：物質經重覆稀釋、振盪後，仍能保持生理活性。

第五節
生物訊息的本質和頻率有關

除了上述的另類醫療以外，世界各國也積極發展診療儀器，其中最引人注目的就是放射機器（Radionics），這種機器在日本稱爲波動機器。放射機器的開發，是在20世紀初期，開發者是美國的醫師艾布拉姆斯（Albert Abrams）博士，他是美國史丹佛大學醫學部的病理學教授，同時也是大學醫學部的院長，和舊金山醫學會的會長。那時的醫療設備並不完善，艾布拉姆斯博士最常用的診療手段，是將手輕敲患者的身體，利用敲診時聲音的變化來診斷疾病。有一次，他偶然中發現，當他輕敲患有惡性腫瘤的男性病患時，患病部位附近的敲診聲音，會出現鈍音的微妙變化，遠離患病部位的敲診聲，則爲正常的清音，而這種聲音的變化，只有患者在面朝西方時才會發生。假如患者是朝其他方向站著，則敲診的聲音就沒有什麼不同，都表現出清音的狀況。

艾布拉姆斯博士發現這個現象之後，針對各種不同種類的疾病進行敲診，結果他發現，依疾病的種類不同，敲診時發出的鈍音也會不同。艾布拉姆斯博士根據這個結果做出結論，**只有患者在朝西時，敲診才會出現聲音變化，這可能是與地球的磁場和人體的身體產生作用有關，也就是患病組織會產生微弱的磁場（波動）**，在一般情況下，這個磁場很微弱，無法測得，但當病人面對西方站立時，地磁會對這個磁場產生放大效應，因此就可以聽出聲音的不同。爲了證實這個理論，他將癌組織靠近健康者的身體，然後進行敲診，則健康者的身體就會出現鈍音的現象，若將癌組織遠離健康者，則敲診的聲音將顯示健康的淸音。這個結果，**證實了癌組織會放射出不正常的磁場，而使健康者接受到，就如同健康者患有這個疾病一般。**

艾布拉姆斯博士繼續做實驗，他將癌症患者與健康者分開一段距離，兩人用銅線相連結，接著他對健康者進行敲診。結果發現，健康者會出現鈍音的變化，當他去除兩人之間的銅線之後，健康者的敲診聲音就回復正常清音。由此，他得到一個結論：**生病的人，他的病灶組織會放射出不正常的磁場（波動），而這個磁場可以藉由銅線進行傳送，只要能偵測到這個磁場的變化，或許可以用來偵測疾病。**

艾布拉姆斯博士又進行更深入的研究，他在患者及健康者相連銅線間安裝可變電阻器，電阻範圍由1-100歐姆，他想了解改變電阻器的刻度，是否會影響敲診聲的變化。結果發現每一種疾病與特定的可變電阻值有關。他就將這個電阻值當做該疾病的特徵值，不同的疾病，就可以由偵測這個特徵值來檢查。艾布拉姆斯博士進一步的將這個設備加以改良，他加裝了一個變頻器，將偵測疾病的方法，改由偵測電阻變成偵測頻率，他發現不同的疾病將放射出不同的頻率，他將這個頻率稱為波動。

因此，**只要能偵測出人體是否帶有特定頻率，而該頻率又與特定疾病相關連，則可用偵測特定頻率來偵測疾病**。艾布拉姆斯博士給予病人另一組頻率，**而這組頻率可以抵消疾病的頻率，則病人的頻率將恢復正常，疾病將獲得治療**。艾布拉姆斯博士過世之後，他的學生露絲德拉溫（Ruth Drown）繼續他的研究，德拉溫醫師將一種稱為Stickpad的橡皮板，裝在機器上，若用手指輕輕摩擦橡皮板，另一隻手轉動轉盤，當轉盤調到某一個點時，另一隻手的手指會有像要黏在橡皮板上的感覺，這時若停止轉盤，則轉盤對應的數值，就是疾病對應的數字。這個機器除了偵測病人以外，即使患者不在場，只要有患者的毛髮或血液樣本，就能進行疾病診斷，也就是所謂的遠距診療。雖然德拉溫醫師利用這套設備進行很好的診療，但由於這種診療方法用現代科學無法解釋，她也無法提出合理的說明，因此，她被以詐欺的罪名逮捕並起訴，而該套設備也被禁用。

後來這套設備就流傳到歐洲，由英國的迪拉瓦夫婦（George DeLaWarr）繼續發展。迪拉瓦夫婦將德拉溫醫師的裝置增加轉盤數，開發出能更正確診斷與治療的設備，迪拉瓦夫婦發現利用這套設備進行疾病診斷，只要持有病人的身體樣本，即使病患不在場，也能對疾病進行精密的診斷，同時給予遠方的病人進行診療。利用這種方法，他們治癒了許多病人，這種設備雖然不被主流醫學所接受，但利用這套設備，可以精準的檢測病人的疾病，甚至治療疾病，卻是事實。這套設備最值得令人注目的地方，是他們提出了：**所有的東西都會放射固定的微弱頻率（波動），而生病的器官和組織會放射出與正常組織不同的微弱頻率，利用放射儀器對人體進行偵測，藉由對特定疾病頻率的判讀，就可以進行疾病的診斷與治療**。目前這種診斷機器仍然有許多不同的機型在市面上行銷、販售和使用，例如MRA、LFT、MAX、QRS等都屬於這類的機器。

生物訊息現象在衆多的實驗中都持續出現過，但是一直都被隱藏在非主流的領域中，因爲缺乏有利的理論基礎來支撐這些現象，以至於未能廣泛的發展，若是能夠找到強而有力的科學論述，這些已然存在的現象將會變成科學上偉大的發現。

第二章
現代科學論述的生物訊息

第一節　生物訊息理論根源於物理學
第二節　量子生物學在生物體內扮演重要的角色
第三節　生物訊息醫學爲健康產業開創一個新紀元
第四節　生物訊息在科學上的定義

第一節
生物訊息理論根源於物理學

進入二十世紀之後，由於近代物理學的進步，人類對生命、物質的了解跨進了一大步。二十世紀初期，幾位諾貝爾獎物理學得主在物質與能量的關係上，獲得劃時代的新發現。西元1905年，愛因斯坦（Albert Einstein）發現光電效應，他把光當作子彈射擊在金屬上，結果許多電子被彈出，因此他就將光視爲量子，之後，光的量子卽被稱爲「光子」。愛因斯坦提出他最著名的質量轉換方程式：$E=MC^2$，亦卽物質與能量是同一回事，質量只是能量外顯的型式之一而已。

1923年，法國的德布羅意（Louis de Brolie）王子發現電子在運行的時候，居然同時間伴隨著一個波的產生，他在博士論文中提出一個假設：**所有物質都可以用波來描述，他稱之爲物質波**。這個理論暗示了物質不再只是粒子，物質亦將有波的性質，因此物質將會受到能量波動的影響而改變物化性質。1925年。瑞士蘇黎世大學物理教授薛丁格（Erwin Schrödinger）由愛因斯坦的文章中獲知德布羅意物質波的概念，於是他決定利用波動的數學模式來描述物質，最後他提出了轟動20世紀物理史的薛丁格波動方程式。

薛丁格肯定的說：「波，只有波才是唯一的實在。不管電子也好，光子也好，或者任何粒子也好，他們的本質都是波，也都可以用波動方程式來表達基本的運動方式」。物理學家狄拉克（Paul Dirac）博士於1926年提出量子場論（Quantum Field Theory），他是研究量子場論的先驅。他認爲粒子是一個連續波動場中濃縮聚集的現象，因此要描述一個物質必須同時包含位於場中間的濃縮體及往外無限擴展的量子場（quantum field）。1940年代晚期，理學家費曼（Richard Feynman）、施温格（Julian Schwinger）和朝永振一郎（Sinitiro Tomonaga）將狄拉克原來略顯粗糙的量子場論進一步修正爲量子電波動學（Quantum Electrodynamics，QED）理論，透過QED理論，人們可以更精確描述光與物質交互作用時的場效應（field effect），而這種場效應就是隱藏在物質作用背後的眞正影舞者[3]。

1952物理學家波姆（David Bohm）在《物理評論》（Physical Review）期刊上發表了一篇「以隱藏變數嘗試詮釋量子論」的論文。波姆將薛丁格的物質波函數解釋爲訊息場的概念。他認爲**要完整描述一個物質應包括三個面向，物質、能量、訊息。物質是我們在三度空間可見的實際顯現，能量是物質間可見或不可見的交互作用效應，訊息則是潛藏在這兩種現象背後的隱藏秩序**。他將這種看不到但可感受的隱藏秩序稱爲量子勢（quantum potential）或隱秩序。量子勢的勢就是一個事件發生與否的傾向，就好像是事件發生的形成因，因此**物質的量子勢也就可以解釋爲物質的訊息場。物質的量子勢愈高，對外放送的訊息場愈強，事件發生的機率也愈大**。

波姆的量子勢理論解巧妙解釋了薛丁格物質機率波函數的物理內涵。依據波姆的量子勢就可推論物質的本質隱含看不見的訊息場，每種物質就有每種物質特有的訊息場，**透過波的干涉作用，個別物質可向周圍的訊息場（其他物質或環境所形成）汲取訊息，同時物質也會不斷向周遭訊息場釋放自身的訊息**。波姆的理論可簡化爲：**物質粒子徜徉在一望無際的訊息海中，這一片訊息海是宇宙間所有物質所共享與共同營造的，所以宇宙萬物共享全體物質共同釋放的訊息場，也就是說宇宙就是一個全息體**。

物理學家卡普拉（Fritjof Capra）在《物理之道》（The Dao of Physics）一書中提到：量子場是物理學的根本實存，一個連續的媒介遍佈的空間，粒子不過是場的局部凝聚；是來、來、去、去的能量集中體。依據波姆的隱秩序理論，**物質的內在隱藏著高維度的「能量海」或「訊息海」。在這一望無垠的能量海中蘊含所有事件發生的可能態，而我們三維空間的物質現象只不過是由隱秩序中特定量子態所投射或綻放出來的一種顯像**。波姆的能量海是由包含所有電磁波頻譜的光所構成，海中的光振動頻率最高，當振動頻率變慢時，光就濃縮凝聚成三維空間的電磁波、聲波或物質。

在古典物理的眼中，組成物質的原子就像是一顆顆堅硬的撞球。在量子物理的眼中，原子結構就像是一座足球場中，有一顆棒球大小的原子核孤零零站在足球場的中央，圍繞在外面的就是神出鬼沒無以名狀的電子雲。整個足球場其實是空空蕩蕩的，在這近乎眞空的空間裡就隱藏著看不見的量子場，原子核與電子的電磁效應該就是來自於這個隱藏的能量場（訊息場）交互作用的顯現[4]。

由於**物質背後是依賴訊息場的運作，訊息場是波所組成，場的作用其實就是波的作用**。波具有共振的特性，可使低振頻轉換變成高振頻。1665年荷蘭的科學家賀金斯（Christian Huygenes）發現，在房間牆上擺放兩個擺盪速率不同的時鐘，經過一天之後，兩個時鐘的擺盪速率會趨於一致，慢的會和快的形成同步震盪。賀金斯就依據這種現象提出「共振原理」：當兩種有不同週期的物質能量波相遇時，振動頻率快的物質會將能量傳給振盪速度慢的一方，使比較慢的一方速度得以提升，而與快的一方形成同步共振現象，共振理論爲物質能量場的改變與提升提供一條可能途徑。

更簡單地說，要改變一個物質的特性可以透過改變其隱藏的量子場的波振動頻率來達到改變物質的目的，而這可透過共振原理的干涉效應來達成。若依據薛丁格的波動方程式，只要進行物質波函數的加、加、減、減，就可達到改變波函數的目的。但是波函數的變化在數學上只是機率的改變，我們無法依照波函數的改變來推測物質的實際變化。然而若依據賀金斯的「共振原理」，不同物質可因波頻率的干涉，而對其量子波頻率產生影響，進而改變物質的實際狀態。因此，不同物質還是可以透過波的共振效應而對彼此產生影響。

第二節 量子生物學在生物體內扮演重要的角色

1995年量子物理學家弗拉迪米爾普普寧（Vladimir Poponin）及彼得卡里耶夫（Peter Gariaev）發表了一系列他們在俄羅斯科學學院的研究結果，結果顯示人類DNA能直接影響物質世界。他們在報告中寫下如此結論：「我們相信，這個發現在詮釋和理解精微能量現象的運作機制上，將有深遠的影響。而能量現象包括了有記載的另類療癒現象。」

實驗一

普普寧與卡里耶夫將一只試管的空氣抽光，創造了一個眞空環境。雖然表面上試管裡空無一物，但若用光子偵測儀檢測，還是可以偵測到試管中有光子的存在。當他們用光子偵測儀偵測那只眞空試管時，管內的光子以完全隨機的方式散布在試管中。接著，他們將一段人類DNA放入該試管中，結果光子在人類DNA存在的狀態下，有出人意表的表現。**光子在DNA存在下不再以隨機的方式分散，而是以一種有序化的方式排列**。更令人驚訝的是，**當他們將試管中的DNA移除時，光子並未回到原來的隨機分布狀態，反而仍維持在有序的狀態**。這個實驗結果說明了：**DNA與光子間存在著某種特殊的連結，更精確的說：DNA施與光子一種未知的場域效應，使光子按照DNA的指令產生有序化排列**。也就是說**DNA會釋放出一種訊息，當光子接受這種訊息之後就會產生有序化**，DNA就好像是躲在光子背後，操弄一切的鬼魅，他們稱此爲：「DNA魅影效應」，而這與波姆的訊息場理論幾乎完全吻合[5]。

實驗二

1990年代，美國的陸軍的科學家爲了瞭解人類情感對已經與身體分離的細胞或DNA是否仍有影響，進行了情緒對離體DNA影響實驗。研究人員將受測者的DNA取出，分置於同一棟大樓的不同房間，DNA被放在特殊的裝置中並量測其電流變化。實驗開始時，受測者在一百公尺外的房間內觀看一系列的電影，內容包括戰爭片、愛情片、恐怖片、喜劇片、甚至色情片，藉此引發受測者的情緒反應。結果發現當受測者的情緒產生起伏變化時，位於另一個房間的DNA也在同一時間產生強烈的電流反應，這暗示著**受測者與自己的DNA之間存在著一種特殊的連結，且這種連結似乎與距離無關**。這個實驗的意義在於再一次**證實自然界中存在著非區域性的連結，這種連結可超越光速限制，可在完全沒有時間差的狀況下，完成訊息的傳遞**[6]。

實驗三

1992年，美國心數研究所研究員格蘭瑞恩（Glen Rein）及羅林麥克拉迪（Rollin McCraty）透過「特殊設計的自我心神及情緒管理技術」分析DNA分子形狀與情緒之間的關係。結果發現：不同的情緒或意圖能對DNA分子造成不同的影響，導致DNA分子產生構型的扭轉與變化。這可進一步推論：**情緒與意圖會使DNA分子產生形狀的改變，以致DNA分子上的電荷分佈產生變化，進而導致電流反應**[7]。

這三組實驗與二十多年前我們自己的藥用植物實驗，都可算是生物版的EPR實驗。這就說明了自然界的確存在一種具有電磁特性的場，藉由場的交互作用，宇宙萬物可以突破光速的限制，達到最有效率的訊息與能量傳遞。

法國科學家賈寇斯班維尼斯提博士（Dr.Jacques Benveniste）所組成的DigiBio Research實驗室曾提出細胞間的訊息傳遞是以電磁波的方式進行。傳統的細胞間訊息傳遞方式是以鑰匙與鎖原理（Lock and Key Hypothesis）來解釋（圖一）。這個理論是指訊息傳遞物質（配體ligand）具有特定的形狀、大小、極性、及結構，當它與細胞膜上的受體分子（receptor）結構互補時，二者就會結合產生穩定的複合體（complex），結合後透過跨膜蛋白的結構變化導致電流的變化，細胞就會因此產一連串生理作用。但是賈寇斯班維尼斯提博士認爲這樣的理論是不合理的，他認爲：當我們服用藥物時，通常只需服用小小的劑量的藥物，就能對整個身體產生作用，若以傳統的鑰匙與鎖原理來解釋，則二者須靠隨機碰撞，使配體分子的方向、角度與受體分子剛剛好吻合，才能使彼此的結合很穩定，進而產生作用。而要靠隨機達到這樣的有效碰撞，成功的機率並不高，因此藥物作用在該作用的部位的時間將比實際要長很多。

然而實際狀況是，服藥後藥物啟動作用時間（onset time）往往相當短，這表示用鑰匙與鎖原理來解釋細胞間訊息傳遞是有瑕疵的。於是，賈寇斯班維尼斯提博士提出了電磁波訊息傳遞理論（electromagnetic signals）（圖二）[8]。他認爲，細胞間的訊息傳遞機制應是配體發射出類似電磁波的波動，細胞上特定的受體接收到這種電磁訊號後會改變自身的構形，由於形狀的改變會導致受體分子本身的電荷分佈產生變化，這將誘發受體分子內電流的流動，因而啟動了一系列細胞內的生化反應（圖三）。也就是說，細胞膜的運作方式就如同電腦晶片一般，是依靠電的流動來控制細胞膜上閘門的開與關。這個結論與澳洲的康乃爾博士（B.A.Cornell）的看法相同。這篇在1997年發表在Nature期刊的論文證實：當細胞膜受體受到互補訊號的刺激時（來自於配體分子的電磁場），膜通道會打開，置於細胞膜底下的金箔會有電流流過，這就證實了細胞膜的功能與電腦晶片相類似[9]。

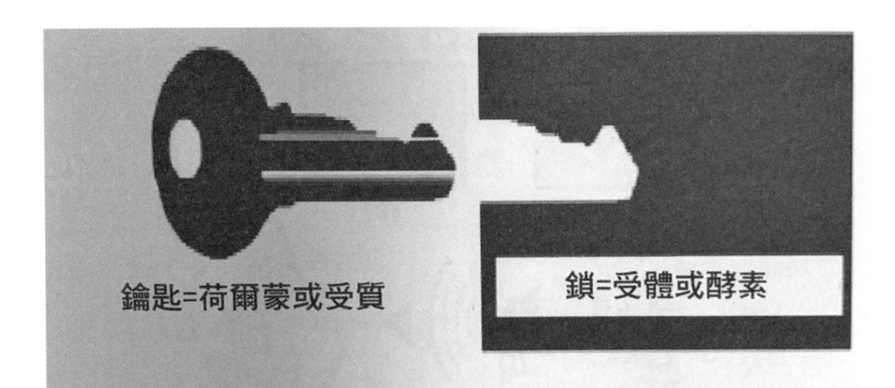

細胞間是以鑰匙與鎖的原理來傳遞信息。鑰匙與鎖原理示意圖（圖片來源：Oschman, J.L. (2000) Energy Medicine: The scientific basis. Churchill Livingstone）

圖一：鑰匙與鎖原理示意圖

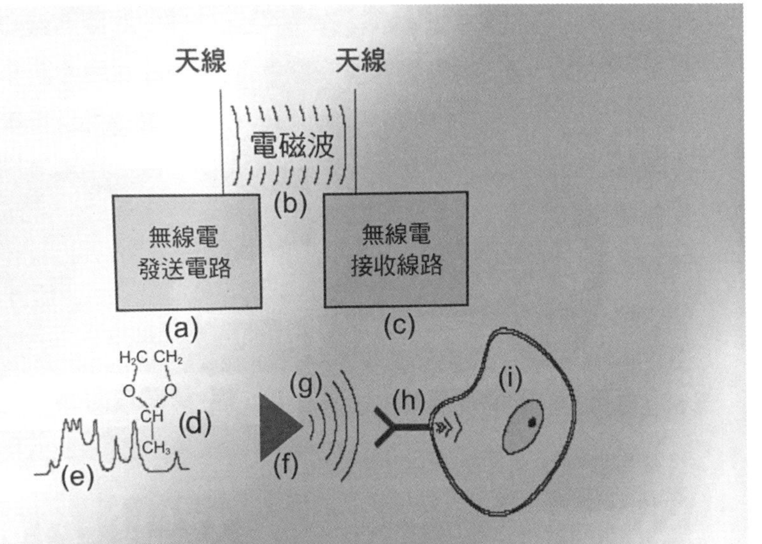

化學分子電磁場訊號傳遞示意圖（圖片來源：Oschman, J.L. (2000) Energy Medicine: The scientific basis. Churchill Livingstone）

圖二：化學分子電磁場訊號傳遞示意圖

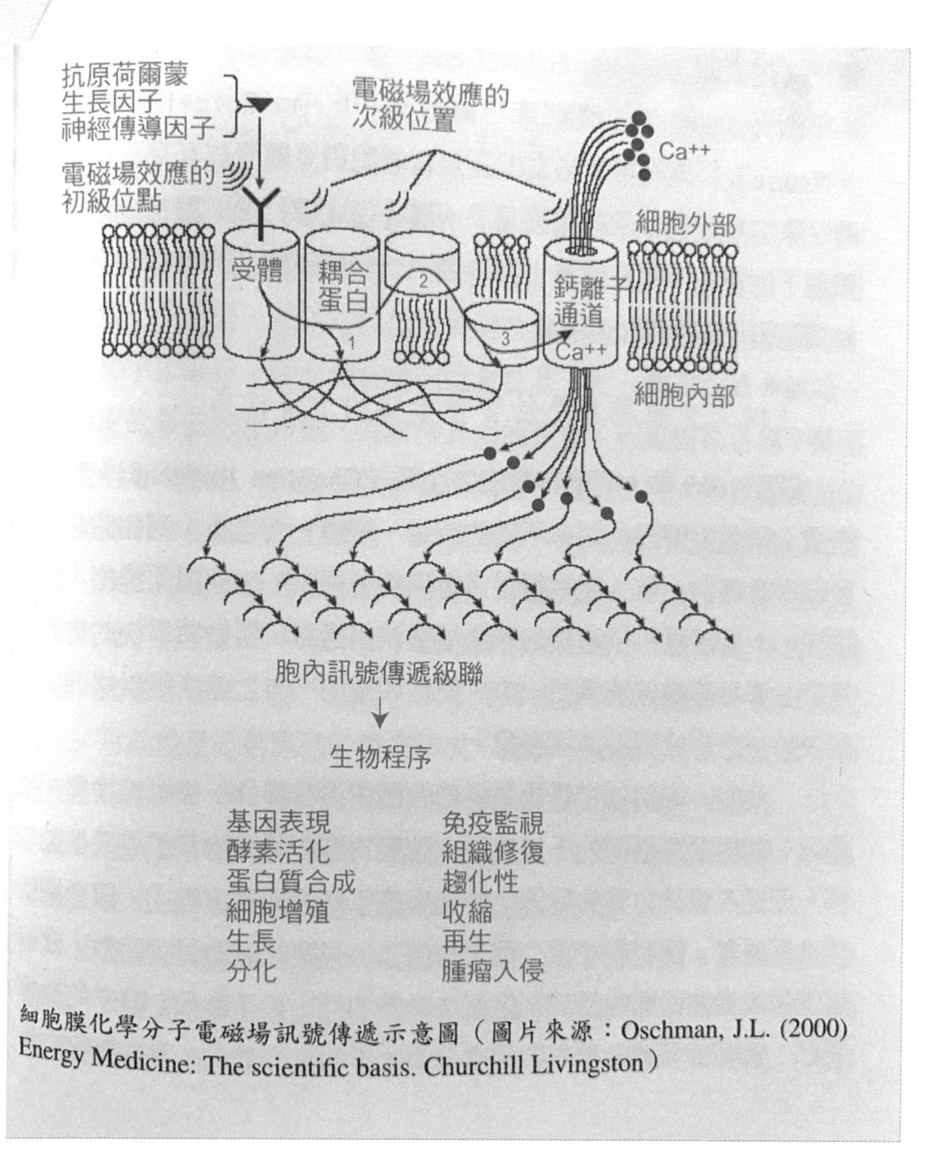

細胞膜化學分子電磁場訊號傳遞示意圖（圖片來源：Oschman, J.L. (2000) Energy Medicine: The scientific basis. Churchill Livingston）

圖三：訊息傳遞分子電磁場啟動細胞內級聯反應示意圖

生物訊息是生物間溝通的媒介，也是生物間掌握環境變化的重要方法，通常由傳送者傳達一個或多個訊息給接收者，藉以讓接收者能夠了解傳送者的原始目的，或讓接收者了解不可預期的狀況。訊息可以用不同的方式傳達，包括：語言、文字、訊號及知識。對生命來講，生物訊息是最重要的，它能讓生命掌握環境的變化、潛在的威脅、適當的時機等，因而做出最正確的判斷，讓生命得以在最佳的狀況下存活。

生物訊息在變成實際的溝通行為時，必須歷經幾個階段，**第一階段是訊息的編碼，在這個階段，訊息必須以一定的規則加以編排，使該訊息得以穩定、而且精準的被記載。第二階段是訊息的轉載，必須將該段訊息轉譯成可以被操作的資訊。第三階段是訊息的輸出，將轉譯出來資訊轉成實際的動作輸出，這時，輸出的訊息，才具有實際的功能。**由於生物訊息是由化學分子記載，所以生物訊息具有量子的特性，我們就稱作這是量子生物學。

1944年，薛丁格（Erwin Schrödinger）提出了《生物是什麼》這本書做為量子生物學的開端。書中提出的遺傳物質是一種有機分子，具有複製及遺傳的特性。自此開啟了分子生物學的時代，這對1953年華生（James D.Watson）與克里克（Francis H.C.Crick）提出DNA雙股螺旋結構的發展，具有非常重要的影響。此外，薛丁格引入熵的概念來探討生命系統中的交互作用，如今，量子生物學主要著重生物體中生化反應，如光合作用、酵素反應、以及生物磁感應等的研究，嘗試從更微觀的角度來研究生命現象。

在量子力學中，物質和能量其實都是具有波粒二象性，也就是同時擁有粒子和波動的特性。我們通常可以用波函數來描述物質的狀態，若兩個波函數的相對相位恆為定值，就稱為同調

（coherence），此時兩者產生的干涉是穩定的。量子力學的粒子具有另外一個特性，稱爲自旋（spin），帶電且自旋的粒子可具有磁偶極距（magnetic dipole moment），因此，可以按環境中的電磁場，產生交互作用。一般認爲，這樣的量子效應在生物體這般複雜且濕熱的環境中無法存在。但近年來，許多新的研究，發現酵素的反應機制、鼻子的嗅覺、植物的光合作用、鳥類的導航與晝夜週期，都可能與量子力學有關。

吉姆·艾爾-卡利里（Jim Al-khalili）和約翰喬伊·麥克法登（Johnjoe Mc Fadden）合寫了一本量子生物學的新書《解開生命之謎：運用量子生物學解開生命起源與眞相的前衛科學》。在書中，描述了酵素活性、嗅覺、光合作用等一般教科書都會提到的生化反應，其實它們都跟量子力學有關。例如酵素的活性可以大幅度的降低反應活化能，在生物化學中，只提到酵素可以讓反應時所需要的能量障壁大幅度下降，以致酵素參與反應時，反應就更容易發生，但酵素爲何具有這種特性，生物化學並未提及，也無從解釋。**新的研究發現，酵素具有量子穿隧效應，在反應進行中，酵素不用爬過那座高山，而是由山的中央打通一條隧道，直接穿過去，如此，就可以大幅降低所需要的能量，反應也更容易發生。**

在嗅覺反應中，傳統的理論認爲，一個物質的結構，與該物質的味道有關，味道相類似的物質，通常具有相類似的化學結構。一般的觀點認爲，嗅覺的發生，基本上嗅覺分子的形狀有關，這種關係就跟鑰匙和鎖的關係相當，鼻子上的嗅覺受體分子，它的形狀就類似鎖的形狀，而氣味分子形狀就跟鑰匙的形狀一般，假若氣味分子鑰匙的形狀與嗅覺受體鎖的形狀相匹配，味道就會產生。這樣的理論，在最近這些年，受到很大的挑戰。**最近的研究發現，物質的味道與該物質的振動頻率有關，而不是與**

它的形狀有關，只要兩個物質的振動頻率相接近，聞起來的味道就非常相似，但假若兩個物質的形狀非常類似，但它們的振動頻率差異很大，則聞起來的味道完全不同。這樣的新發現，用傳統的鑰匙和鎖理論無法解釋，但用量子力學的量子振動理論來解釋，則可以獲得令人滿意的答案。因此，嗅覺的機制，也許是量子的現象之一。

另一個更值得關注的例子，為鳥類的導航系統。有些鳥類，例如歐洲知更鳥，遷徙時會利用磁感應的方法，來進行定位。科學家以量子力學中，電子自旋的理論，提出離子對模型：知更鳥的視網膜中，有一種光受體（cryptochrome），這個受體的電子對受到光子激發，會產生轉移，並形成離子對，由於自旋的緣故，被激發的離子對最終會以單重態（singlet state）或三重態（triplet state）的形式存在，且兩者的比例可隨著磁傾角的變化而改變。因此，知更鳥可藉由飛行時，觀察光線的變化而判斷方位，假如把知更鳥的眼睛矇起來，牠就會喪失方向感。

由這些個例子可以顯示，量子力學在生物的許多行為模式上，扮演非常重要的角色，過去認為量子現象只發生在極微小的基本粒子上，但愈來愈多的研究顯示，量子現象在生命裡，也扮演舉足輕重的角色，尤其是生物間的訊息傳遞，以及高階物種的意識，都和量子現象息息相關。過去許多不可解的謎，例如，生物間的訊息傳遞、物種之間的心電感應、物種意識的起源、以及高階物種的智慧來源都可能必須從量子的角度，才能解開這些謎底。

生物訊息技術是著眼於研究生物間溝通訊息的正確與否，並加以導正的一種技術。主流的對抗療法，在針對疾病的治療時，主要是採取以暴制暴的方式來對抗疾病。例如：血壓高了，就想辦法讓血壓降低，只要血壓維持正常，這個方法就是有效而可取的，至於血壓爲何會變高，並不在這個藥物的考慮範圍內。再如：人體被細菌或病毒感染時，對抗醫學採取的方法，是找尋一種可以毒殺這些細菌或病毒的藥物來治療，但這些藥物往往有嚴重的副作用。生物訊息技術所採取的策略和對抗醫學完全不同，它著眼於研究疾病的病因，找出這些疾病所造成的細胞間訊息的紊亂，並加以導正。所以，**生物訊息技術不強調外來感染物質的毒殺，而在於內在細胞間訊息傳導正確性。當身體被外來的細菌或病毒侵入時，這些細菌或病毒的代謝物會干擾細胞間訊息的傳遞，由於訊息的傳遞錯誤，使得細胞的運作失常，因此生病。**另外，細菌或病毒的代謝物也會改變人體細胞的代謝途徑，因而使人體的細胞產生異常。生物訊息技術針對這種狀況，並不著眼於細菌與病毒的去除，而是想辦法恢復被干擾的代謝途徑，使生病的人體細胞回復正常。**生物訊息技術強調的是，細胞所接收到的訊息正確與否，只要細胞能接收到正確的訊息，即使有外來的感染源，如細菌或病毒，人體仍然可以與之和平相處，人體的健康也可以獲得保障。**

美國學者布魯斯·利普頓（Bruce·Lipton）提出：細菌在去除核內的DNA時，仍能正常運作，並且維持正常的生理機能，反之，若將細胞膜去除，則細胞就死亡，因此，細胞眞正重要的是細胞膜上的受器及反應機制。人體的細胞大約有四千多個受器，這些受器針對不同的環境物質進行反應。細胞內的細胞核及胞器在接收細胞膜傳來的訊息之後，就會進行一系列的生化反應，以維持生命的運作。也就是說，環境中的各類型因子，如陽光、空氣、水、營養物、微量元素、毒素等，這許許多多的因子，接觸到細胞，細胞膜上的受器會與之感應，正確的訊息就會透過受器，傳導到細胞內部，細胞因而可以做正確的反應。

細胞內的基因，會依據外部環境傳來的訊息，而進行轉錄、翻譯而成爲蛋白質，接著再由蛋白質的作用而產生一連串的生化反應。過去，科學家都認爲基因是細胞的腦，而立普頓博士則認爲，細胞膜才是細胞的腦。細胞膜具有非常多的受體，可以溝通細胞內部和外面世界，透過受體接收環境訊息，接著環境訊息傳導至細胞內部，如此細胞才具有生命活性。這些年，**表觀遺傳學的研究證實，藉由基因傳給後代的DNA藍圖，並非在出生時就已經成形，而是在生長過程中，一步一步進行修飾。基因不是命運，也不是一輩子都不改變的。**環境的影響、外在訊息的傳輸、內在思想的變化，都可能讓基因的表達產生修飾作用，而這些變化，可以遺傳給下一代，使下一代的行爲、性狀獲得改變。利普頓教授最後的結論：**決定細胞生命的關鍵不是基因，而是細胞對環境的「感知」。他稱這些具有操控力的感知爲「信念」，並且堅信，信念操控生命。他認爲，人並非只是受控於基因的生化機器，只要能改變信念或改變輸入於心智的訊息，人就能因此而改變，並創造更圓滿美好的人生。**

第三節
生物訊息醫學為健康產業開創一個新紀元

生物訊息技術記載訊息的方法是採取自旋來記載訊息，量子的自旋是一種神祕現象，科學家至今尚未能徹底了解其基本機制。但這些年來，有一些科學家在某些特定材料中，發現了量子自旋液態現象，這一發現有助於推動人們對自旋的理解。量子的自旋應該是物質磁性的來源，磁性是人們最早認識到材料的一種特性。在西元前三世紀就有文獻記載，如何利用天然帶磁性的鐵礦石來製作指南針，如今得益於量子力學的理論，自旋的概念解釋了像金屬中的電子這類基礎粒子的行為是如何變得有磁性的，這使我們了解，物質磁性的來源與本質。

自旋，這是屬於亞原子微粒，如電子、夸克等粒子的性質，它使每一個單獨的粒子，都表現得像微小的羅盤裡的指針，成千上萬的電子在一塊材料中，以多種不同的方式相互作用，由於每個電子都具有自旋，自旋的相互作用，就產生了磁性的狀態。也就是說，一塊物質中，有許許多多的電子在一起自旋，這將使這一塊物質獲得了磁性。現在的研究發現，**磁力是維持物體狀態的基本力，磁性材料組成了基本的現代粒子，並可用來儲存訊息。生物訊息技術就是利用這種訊息儲存能力的這種自旋特性來儲存重要的訊息。**

人體細胞在解讀完以自旋的方式儲存生物訊息之後，會依據訊息的指示產生必要的動作，生物體的動作主要可以分為三個層次。

第一個層次是分子層次：細胞在接收生物訊息之後，會產生一些化學分子的合成與輸送，這些化學分子包括細胞激素、配體、細胞素及細胞因子等，細胞在接收這些化學分子之後，會因應這些化學分子的指示，而產生一連串的生化反應。

第二個層次是神經反應：對於中長距離的訊息傳遞，就必須靠神經反應來進行。人體內有許多的神經細胞及神經網絡，透過人體複雜的神經網絡，就可以將訊息傳輸至遠端，並產生網狀的聯合反應，神經反應的傳輸與離子有關，特別是鈣離子的濃度變化，使神經網絡上具有電流的流動，因此生命具有電的特性。

第三個層次是生物光子或電磁波層次：生物光子與電磁波層次是最近這些年才被發展的新理論，這個理論，開啟了很多新的研究方向，也解釋了很多未解之謎。德國的生理物理學家波普（Fritz Albert PoPP）於1974年提出了生物光子理論，波普在實驗研究中，描述了一種被稱爲來自生命組織的超弱光子瀰散現象。他發現，正常細胞會瀰散穩定的光子流，當組織的生命現象產生變化時，光子的瀰散現象也會產生改變，尤其是當生命生病或受到威脅時，光子瀰散現象將變強，並產生紊亂現象，使原本穩定有序的光子流變成不穩定而且失序。因此他提出生物光子在活體內是資訊的載體，是身體組織物理調節的源頭。當細胞處於平衡狀態時，身體的訊息是穩定的，這時，細胞就會瀰散出穩定的光子流來知會其他細胞，它目前的生理狀態是平衡的。反之，當細胞處於不平衡狀態時，細胞就會散發出更多的光子，來告其他細胞，它目前處於不正常的狀態，使其他的細胞透過光子的吸收，就可獲知這個訊息。因此，生物光子變成是判斷身體狀態的一種依據。波普將這種由生命發出的生物光子及由這些光子組成的電磁波，解釋爲從細胞分化、生長調節、酵素活性以及免疫反應的調節訊號，只要能掌握這些訊號，就可以掌握整體的生命現象，如此既可以用來偵測疾病，也可以用來治療疾病。

法國科學家賈寇斯班維尼斯提博士所組成的DigiBio Research實驗室曾提出細胞間的訊息傳遞是以電磁波動的方式進行。賈寇斯班維尼斯提博士認為，細胞間的訊息傳遞機制應是配體發射出類似電磁波的波動，細胞上特定的受體接收到這種電磁訊號後會改變自身的構形，由於形狀的改變會導致受體分子本身的電荷分佈產生變化，這將誘發受體分子內電流的流動，因而啟動了一系列細胞內的生化反應。

波普的生物光子理論，被進一步推展至生物電磁波理論。這個新的理論，解釋了很多生命現象，其中最值得注目的是，生物全息理論。全息理論最早被提出的是中醫學，根據中醫理論，我們可以依據人的膚表狀態的變化進而推測到人的臟腑變化，這就是所謂的「有諸內，必形諸外」。後來的全息論，更進一步擴展。身體是全息的概念，**依據全息理論，身體的任何一個細胞，會向全身的任何一個細胞輻射出它自身的訊息，同時，這個細胞也可接收至全身各個細胞輻射而來的訊息，這就是所謂的全息論。**

波普的生物電磁波理論，可以很精準的解釋生命全息論的來源。由於每個細胞都會向外瀰散生物光子，而這個光子就帶有這個細胞的訊息，當這個光子被其他細胞接收後，它的訊息就可以被獲知，因此，假若，細胞向全身瀰散生物光子（電磁波），這個細胞就可以將自身的訊息向全身各個細胞播放，因此，在全身任何一個地點，都可接收到這個細胞的訊息。所以中醫的診病理論，由觀察人的外觀來了解體內的臟腑變化，這是合理而且可行的。

依據生物電磁波理論，人體發病初期，首先是構成人體物質的結構發生變化，導致構成原子的電子的運動也產生異常。由於電子運動和磁場的相關性，一旦引起電子的共振磁場產生變化，其生物電磁場也會產生變化。因此，從原子到分子，從分子到細胞，從細胞到器官的生物電磁場也會發生混亂和破壞，導致能量和訊息的傳遞產生阻礙，結果引起生理功能的異常。

生物體是一個複合體，其發出的電磁波也是複合波。若能將生物體病變的生物電磁波採集，並將其與標準的生物電磁波（正常生物體的生物電磁波）相比較，即可診斷疾病。生物能量共振檢測儀即是由感測器採集生物體（或物質）的電磁波，當被檢測者的反射電磁波與預先設定的標準電磁波進行比較後，電腦程式會利用傅立葉分析法，計算樣品間的波形異常程度。如果受測者樣品的磁場波形已經變得混亂時，則與標準波無法產生共振，此時儀器就會把該波形送出，並發出非共振蜂鳴音；如果受測者的磁場波形沒有混亂，與標準波可以產生共振，則該儀器會發出共振蜂鳴音。由受測者身體所回授的共鳴或非共鳴音，即可判斷受測者的健康狀態。這種技術應用到電磁波的共振效應解析法，它在臨床醫學中被稱爲能量醫學或者生物訊息醫學檢測。

上述的這些研究進展，一步一步揭開了物質可釋放電磁波的神祕面紗。**DNA的電磁波可以誘導光子進行有序排列；同源DNA之間可透過電磁波的量子糾纏產生遠距感應；物質的電磁波可誘導極性分子。水的排列有序化產生訊息轉載；細胞間電磁訊號的傳遞可誘發細胞內生化級聯反應（cascade reaction）**。這些實驗結果闡明了物質間存在一張看不見的網（場域），藉由這張網（場域）的共振效應，可使物質跨越時空產生連結與相互作用，這爲同源DNA的非定域性效應（non-localization effect）找到了一個最好的詮釋；也爲順勢療法的訊息轉載提出一個最佳的解釋；更爲三十多年前令人迷惑的植物心電感應（plant telepathy）現象提供一塊穩定的科學解釋基石。未來這些理論的應用可擴及到遠距治療（long-distance healing），身、心、靈療癒，性靈提昇，訊息醫療，能量醫療，音樂療法，甚至風水學等領域，為21世紀的健康產業開創一個新的紀元。

第四節
生物訊息在科學上的定義

很多人可能在看這本書之前，都沒有聽過生物訊息這個名詞，我們來歸納一下科學上的意義，什麼是生物訊息？

最簡單的科學定義可以說：

生物訊息（Bio-information）是一種對生物有作用的訊息場（Information Field），而訊息場來自於量子自旋場（Quantum Spin Field）。

簡言之，訊息場就是量子自旋場，而對生物有作用的訊息場，就是生物訊息場。常常我們就簡化成生物訊息，實際上生物訊息是一種場（Field）。

量子自旋場來自於基本粒子的自旋效應，基本粒子可以視爲不可分割的點粒子，也就是宇宙萬物的基本組成粒子，可以分成玻色子（Boson）、費米子（Fermion）兩種，基本粒子的自旋是一種內秉性質（Intrinsic Property），與生俱來的自旋。

如下圖所示基本粒子的自旋產生自旋場。

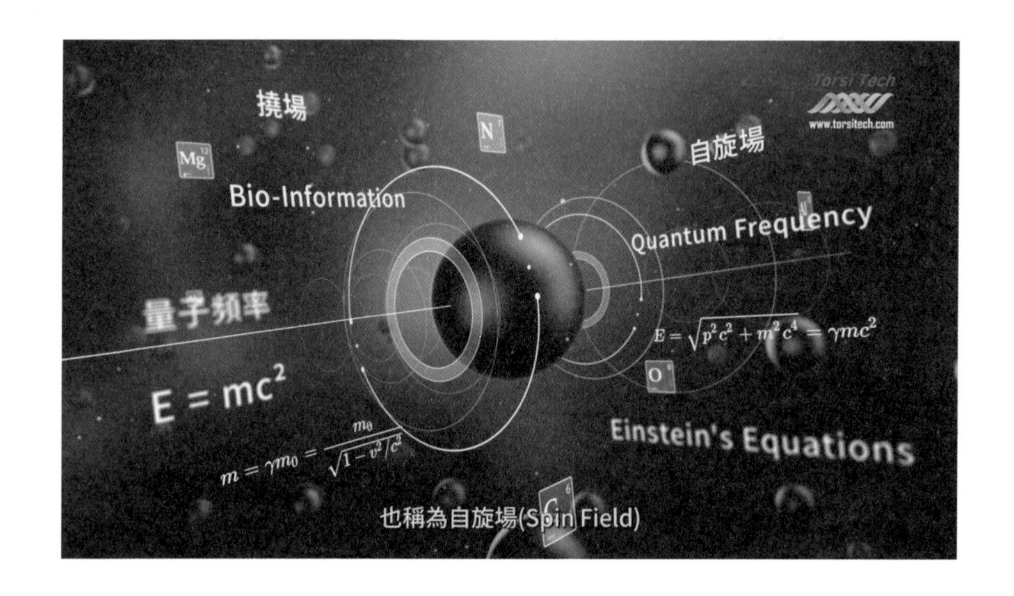

聽到這個定義大部分的人可能會有些模糊，因爲量子可能大家常常可以聽到，至少都知道量子就是組成萬事萬物的基本粒子，但是量子自旋場是什麼？恐怕不是一般人可以理解的，甚至連科學家都不一定理解，因爲術業有專攻，除非是專注於量子力學研究的人才能略知一二。不過這個定義不能避免，因爲只有知道其來源的理論，往後的發展跟運用才不會知其然而不知其所以然。

針對一般人這麼科學性的定義，可能意義不大，大家都想要一個簡潔易懂的解釋，我們可以找出一個對一般人最通俗的定義：**所謂的生物訊息就是生物體的一種訊息場，這種訊息場可以代表生物體目前的狀況，透過外來訊息場的作用也可以改變生物體的狀況。**人是生物體的一種，一個健康的人生物訊息場是和諧穩定的，一個不健康的人生物訊息場是混亂波動的。

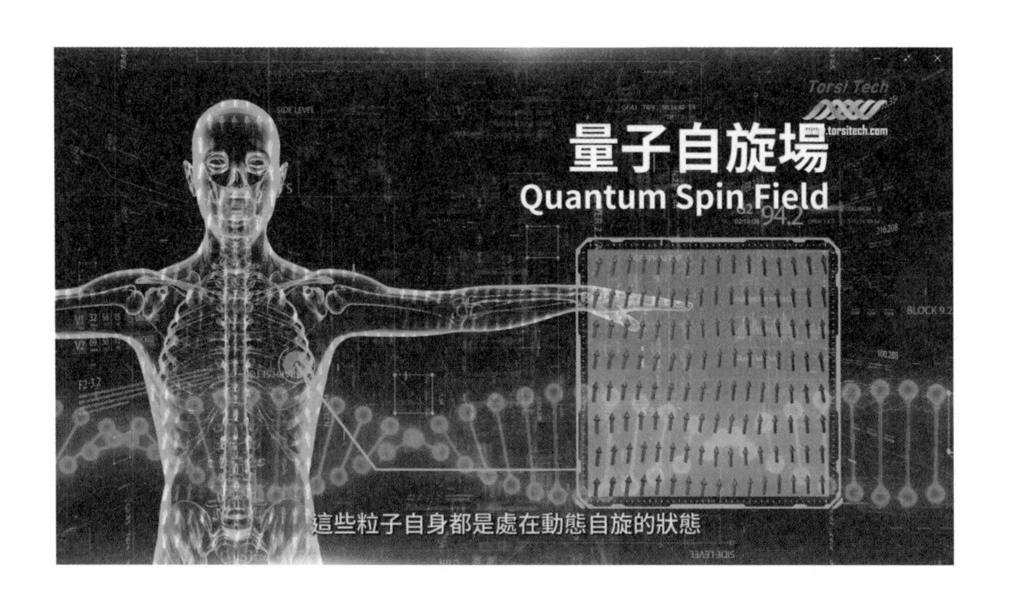

透過以上的兩個定義，我們就可以大致了解生物訊息是什麼？可以做什麼？如果我們可以掌握生物訊息的特性，透過生物訊息的檢測，我們就可以了解生物體目前的狀況，包含健康與不健康；透過生物訊息的作用，我們就可以改變生物體的狀態，讓它回歸到正常。因此生物訊息的研究與突破，會對生物體的未來產生非常重要的影響。

理解生物訊息的定義與運用，對於一般人來說其實就夠了，因爲要深入了解並研究背後的理論，那是極其艱深的。就像很多人會使用電腦來設計、開發、運用、繪圖等等，只要會操作電腦就好，不用去深入了解電腦背後的理論，或是怎麼去製造一台電腦。同樣的道理，運用生物訊息去幫助人類改變生活型態很簡單，研究發展生物訊息的工作，就交給我們這樣的科學家來努力。

參考文獻

1. Li, S. L.（1994）Environmental factors for enhanced recovery of secondary metabolite products. PhD Thesis, University of Birmingham, UK
2. Di Cosmo, F. & Misawa, A.（1985）Eliciting secondary metabolism in plant cell cultures-Mechanism of action and application of microbial insult to improve secondary metabolite yield. TIBTECH, 3（12）：318-322.
3. Fried man N.（2001）Bridging science and spirit：common elements in David Bohm's physics, the perennial philosophy and Seth. The Wood gridge group.
4. ZukavG.（1978）The dancing Wu Li masters Bantam Books
5. Gariaev, P. P, Grigor'ev, K.V., Vasil'ev,A. A., Poponin, V.P. & Scheglov, V.A.（1992）Investigation of the fluctuation dynamics of DNA solution by laser correlation spectroscopy . Bulletin of the Lebedev Physics Institute. No.11-12：23-30.
6. Rein, G., Atkinson, M. &McGraty, R.（1995）. The physiological and psychological effects of compassion and anger. Journal of Advancement in Medicine, 8（2）：87-103.
7. Rein, G. & McGraty, R.（1994）. Structure changes in water and DNA associated with new physiologically measurable states. Journal of Scientific Exploration, 8（3）：438-439.
8. Oschman, J.L.（2000）Energy Medicine：The scientific basis. Churchill Livingstone.
9. Cornell, B.A., Braach-Maksvytis, V.L.B., King,L.G., Osman, P.D.J., Raguse, B., Wieczorek, L.&Pace, R.J.（1997）A biosensorthatusesion-channel switches. Nature, 387：580-583.

第三章
實驗可以看到生物訊息的作用

第一節　透過低頻脈衝電磁場來乘載生物訊息
第二節　透過水來乘載生物訊息
第三節　透過記憶晶片來乘載生物訊息

證明理論是否正確最好的方法，就是採用科學實驗的方式來證明，生物訊息的現象既然普遍存在自然界，就可以透過嚴謹的實驗設計來重複展現這些作用，本章列出的三個實驗，分別採用電磁場、水和電子晶片來乘載抗生素的生物訊息，並對細菌作用，看是否可以產生預期的效果？

第一節
透過低頻脈衝電磁場來乘載生物訊息

這個實驗設計上，是想驗證抗生素裡面有一種像生物訊息的東西，使用電磁波來把這個生物訊息從抗生素中擷取出來，並傳導到另一個地方，看這個生物訊息對細菌會不會產生作用？

從下面實驗設計圖中，可以看到中間的杯子是放抗生素的液體，電磁線圈的設計，是要從中間的杯子把抗生素的訊號擷取後，透過低頻脈衝電磁場（low-frequency pulse electromagnetic field）把抗生素的訊號傳送到左邊實驗組的杯子，**左邊的杯子裡面放有大腸桿菌E. coli的培養瓶，外面圍繞電磁線圈連結中間的杯子。右邊的杯子是對照組裡面放有大腸桿菌E. coli的培養瓶，但是沒有電磁線圈圍繞。**

實驗過程中當調整到適當的電磁波載波頻率之後，結果可以發現，有電磁線圈圍繞實驗組（左邊的杯子）的大腸桿菌E. coli成長明顯的被抑制，沒有電磁線圈圍繞對照組（右邊的杯子）的大腸桿菌E. coli則不受影響。

這個實驗可以**證明抗生素裡面的「訊號」被電磁載波傳送到另一個地方**，而且**這個「訊號」作用的特性跟抗生素類似，可以產生抑菌的效果**，透過這個實驗我們也可以知道**電磁波可以承載抗生素的「訊號」**，這個「訊號」類似就是抗生素的生物訊息。也就是說特定頻率的電磁波可以乘載藥物的生物訊息到另一個地方，並產生作用。

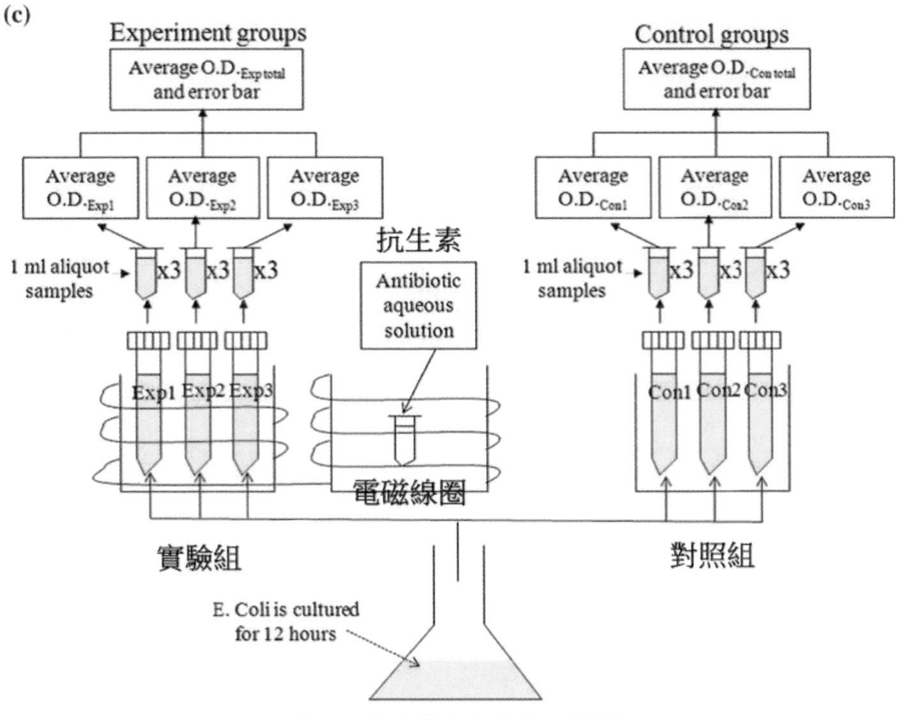

圖06：實驗電路與架構設計圖

第二節
透過水來乘載生物訊息

這個實驗設計上是利用順勢療法的稀釋震盪原理，使用抗生素來做實驗。我們知道順勢療法是歐洲盛行的自然醫學療法之一，利用同類治療的觀念，當身體產生一個病狀，只要吃可以對身體產生同樣症狀的草藥，就可以治療這個疾病。

跟中醫的正治概念有點像，不過各自的理論不太一樣。順勢療法的藥劑製備是利用稀釋震盪的原理，把草藥裡面的生物訊息轉移到水裡面，只要喝水就會跟吃這個草藥有一樣的效果。

這個實驗把原來順勢療法的草藥改成抗生素，實驗方式是把抗生素加水稀釋100倍，持續震盪一段時間，再取一小部分再稀釋100倍，持續震盪，按這樣稀釋，大概在稀釋12次之後（一莫耳的分子數是6×10^{23}），這個水裡面應該已經驗不出抗生素了。跟順勢療法的製劑一樣，最後也驗不出草藥的成分。

實驗的結果，卻在稀釋16次到20次中間的稀釋液，可以測出抑菌的效果，按照結果來分析，10^{-32}到10^{-40}的濃度已經完全沒有抗生素的分子存在水溶液裡面，卻仍有抑菌的效果。這結果證實：雖然抗生素分子已不存在，但抗生素的抑菌特性，已被轉載至水溶液中。

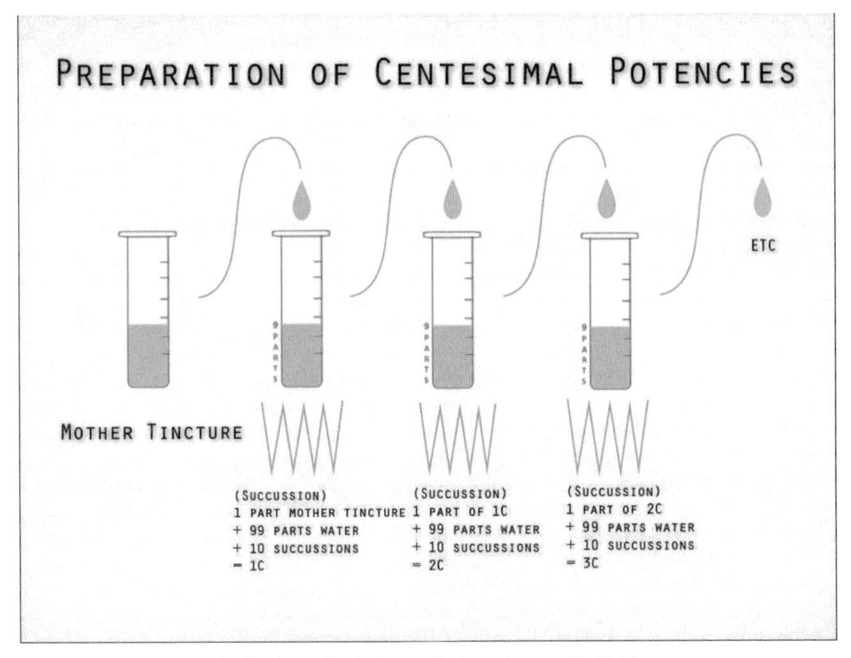

製備實驗的液體，每次稀釋100倍震盪

抗生素震盪稀釋液對E. coli 生長之影響（I）

濃度 (mg/ml)	5hr抑制率(%) Mean ± SD	6hr抑制率(%) Mean ± SD	7hr抑制率(%) Mean ± SD	8hr抑制率(%) Mean ± SD
5×10^{-4}	20.5±9.4	44.6 ±6.6	41.3±5.7	29.4±9.2
5×10^{-8}	2.6±6.5	2.5±1.0	1.0±1.3	0.9±0.6
5×10^{-12}	7.8±5.0	1.8±0.3	1.1±0.4	0.5±1.2
5×10^{-16}	6.1±3.2	2.3±1.7	0.8±0.9	4.8±1.1
5×10^{-20}	2.7±1.1	3.6±1.8	2.4±2.1	1.5±0.9
5×10^{-24}	7.5±3.3	2.4±2.2	1.5±2.3	0.2±0.5
5×10^{-28}	6.0±1.1	5.2±2.8	3.3±2.7	1.9±0.6
5×10^{-32}	**8.2±3.0**	**12.4±3.3**	**16.1±5.3**	**6.4±1.4**
5×10^{-36}	**7.7±2.2**	**11.2±5.6**	**14.8±13.5**	**7.1±2.6**
5×10^{-40}	5.9±4.5	5.3±2.1	1.7±1.7	-1.1±1.7

也就是說：**在稀釋震盪過程中，某些分子的效應被轉載在水裡面了**，而這個**分子效應的表現與原來抗生素的分子類似**。

由此可以推論，水有記載這種分子效應的特性，而且必須在震盪的情形下，才會產生這種分子效應的記載效應。我們可以推論**這個分子效應應該就是類似抗生素的**生物訊息。

順勢療法幾百年來所運用的方法，就是利用稀釋震盪的方法將藥草裡面的生物訊息，轉載到水分子裡面記憶下來，讓生物訊息可以作用在人體，以前使用草藥有這種現象，使用抗生素也有這個現象，這說明了草藥有的這種生物訊息現象，西藥抗生素也同樣有這種生物訊息。

第三節
透過記憶晶片來乘載生物訊息

這個實驗設計是利用記憶晶片來記載抗生素的生物訊息，在實驗中把記憶晶片中記載的生物訊息運用磁鐵的磁場把生物訊息帶出，作用於培養皿上的細菌。

實驗過程如下圖所示，把記憶抗生素生物訊息的記憶晶片壓在大腸桿菌的培養皿中間，左邊的培養皿是對照組，中間沒有放記憶晶片，右邊的培養皿是實驗組，中間放有一片記載抗生素生物訊息的記憶晶片。

實驗結果可以明顯看到有記憶晶片的實驗組，培養皿中央有一圈透明的抑制圈，代表周邊的大腸桿菌被某種東西所抑制生長，記憶晶片可以產生抑制細菌生長的作用，對比沒有記憶晶片的對照組，則沒有明顯的抑制作用，大腸桿菌均勻生長。

可以證明記載在記憶晶片中的抗生素抑菌能力，經過磁場把它引發出來之後，跟抗生素一樣可以產生抑菌的效果。

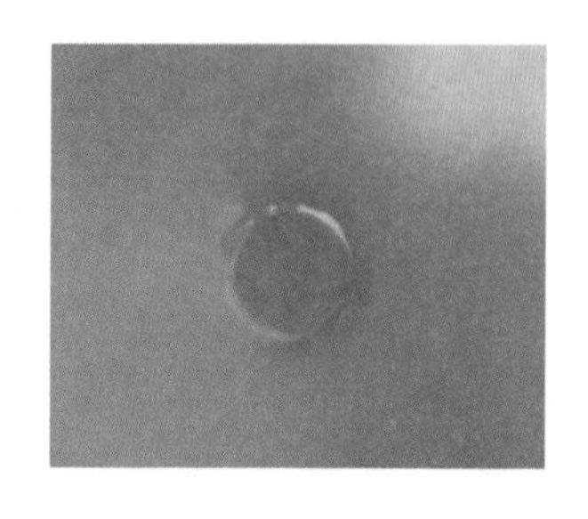

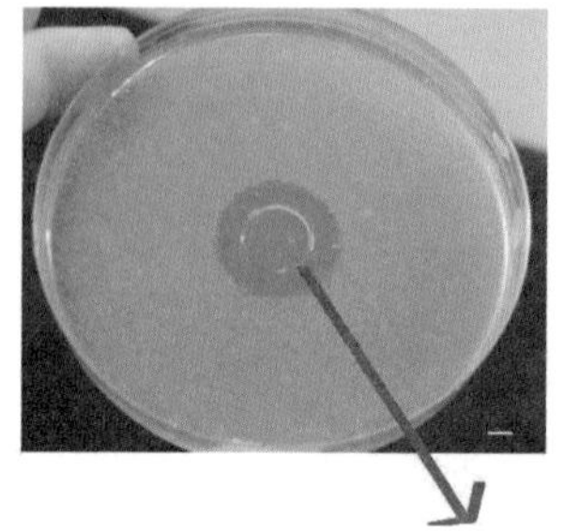

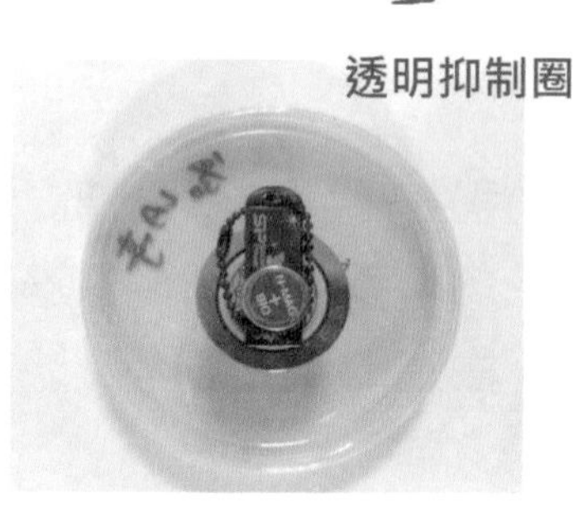

晶片實驗1:無SD記憶晶片　　晶片實驗2:有SD記憶晶片

綜合以上三個實驗的結論，我們可以歸納出幾個共同的特性：

1. 三個實驗同樣都是使用ampicillin安比西林，是一種常用的抗生素，都是透過擷取抗生素的生物訊息去做抑菌的實驗。
2. 三個實驗中，第一個實驗的載波是低頻脈衝電磁場，第二個實驗的載體是水，第三個實驗的載體是記憶晶片，抗生素的特性可以透過不同的載體去傳播、記載及作用。
3. 不管載體有什麼不同，抗生素的特性就是抑制細菌生長，實驗結果也證實這個抑菌特性可以被擷取、記憶、轉載，最後產生實際抑菌效應。

【鑰方】領先全球的生物訊息技術

（落實永續健康生活）

第四章
生命架構下看生物訊息

第一節　科學與玄學的漸層帶
第二節　生物訊息驅動能量與物質運作
第三節　哪些現象是屬於生物訊息的作用？
第四節　生物訊息與一般的能量產品有何不同？

第一節
科學與玄學的漸層帶

研究生物訊息的過程中，因爲面對太多的未知領域，驗證上非常困難，常常會有人誤解我們所研究的是玄學，甚至過度連結與宗教、特異功能的關係。因爲我們研究的是宇宙的一種物理現象，所以我們對宗教與特異功能抱持的態度是尊重與開放，我們只是以科學研究的精神與態度理性的看待那些看似共同的現象。

國內外生物訊息研究的團隊有不同的研究方式，確實有些團隊是從宗教或是特異功能研究起，因爲我們都是從正規醫療系統出來的，所以驗證上自然偏向使用原本醫學驗證的方式來做。至於有其他的學派使用宗教、靈性、特異功能等等方式來論述，我們則是同樣抱持著尊重與開放的態度。**一個新的領域發展必須靠著不同的人、不同方向同心協力才能完善。**

我們對科學與玄學的論述上，是假設科學與玄學之間隔著一條河，科學跟玄學各在河的兩岸，我們的研究是站在科學的這一個岸邊，看向對岸未知的領域，把看到的現象用科學的方法來驗證，用科學的論述來說明，至於河流的哪一個範圍是屬於科學、哪一個範圍是屬於玄學，我們並不定義，因爲我們能夠解釋越遠，代表科學的領域越寬。以往很多科學的發展也是這樣，以前的玄學可能在我們科學知識足夠之後，就會變成科學的一部分。

我們把這一條河當成是科學與玄學的漸層帶，從科學的這一邊看過去，越近岸邊的我們越能定義清楚，越遠的則是漸漸模糊，直到對岸變成玄學。

玄學　　　　科學

生物訊息來自於量子自旋場的效應，在物理學上面的定義很清楚，但在生命裡面應該要在怎麼來說明它的作用？因為理論過於艱深，難以解釋，很多名詞就容易被套用在玄學上。

學文學、法商、管理的人要理解量子物理的理論意義很難，就會出現從哲學的角度來詮釋這些量子物理的名詞，就連量子兩個字，就可以寫一大篇文章了，何況還有量子自旋場、量子疊加、量子糾纏等等物理的名詞，在哲學上都變得多彩多姿充滿神祕的色彩。這些名詞常常出現在人生哲理、宗教哲學、身心靈療癒等領域的文章中，但是內容都跟量子物理的理論無關。

一般人對於這些物理理論並不熟悉，再去讀這些非正規論述的文章，也只能照章全收，長期下來也造成了非正規論述的說法變成了主流，正規論述的說法反而變成了不入流的說法，一個不懂的人說給一群不懂的人聽，結果大家都聽懂了！物理的定義變成了哲學的說法，量子物理的名詞變成了玄學的名詞。

當我們開始用精準的物理名詞與定義解釋一些現象時，就遭遇到很多的質疑，有些甚至碰觸到了宗教的神聖性，曾經有一個非常虔誠的教徒打電話給我們，他問我們是不是在做訊息的研究，我們回答說是，他很驚訝地說，訊息是上帝的事，你們怎麼可以做。我們只能非常恭敬的回答說，訊息是宇宙萬事萬物都有的，就連路邊的一顆石頭都有，這些發現是科學理論推演出來的結果，和宗教的論述無關，而且一點也不玄奧。

在衆多的論述中，我們認爲最適合解釋生物訊息在生命架構的角色，當屬下圖所示，陳國鎮老師所著述的：「多重生命結構的起承轉合」的這張表。（這張表來自於圓覺文教2003年出版的《又是人間走一回》　第78頁的附圖-生命是物質、能量、信息和心智的多重結構體。）

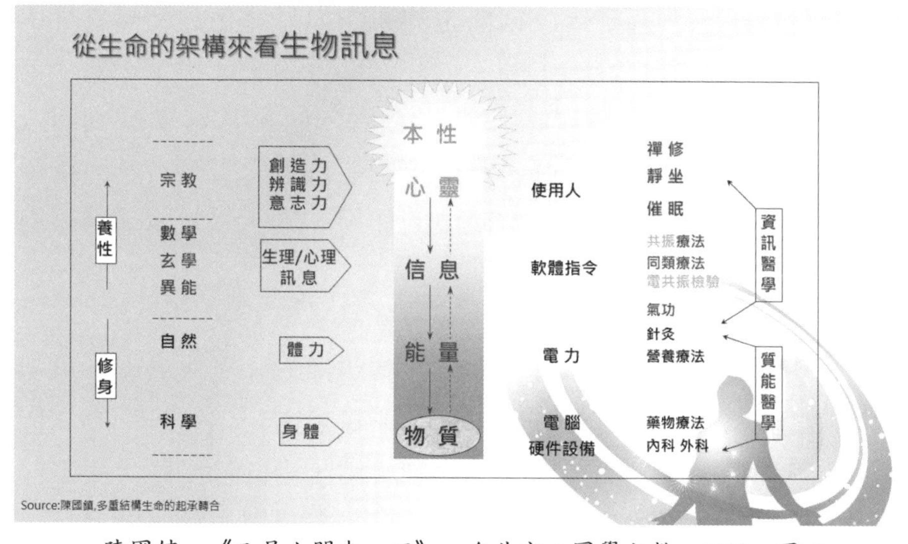

陳國鎮，《又是人間走一回》，台北市：圓覺文教，2003，頁78

陳國鎮教授畢業於清華大學物理研究所博士，一個道道地地的物理學專家學者，也是台灣早期引領訊息醫學研究的前輩之一，曾任東吳大學理學院院長暨物理系系主任。他是少數具備物理深厚理論基礎的物理學大師，並有數十年的氣功與佛法修練，這樣的經歷，使其對生命的體會超越了物質層面，提出了生命是物質、能量、信息與心智的多重結構體，他提出的信息醫學的理論，告訴我們，**生命並不是只有物質和能量的唯物論，在物質和能量的上層，還有形而上的信息（訊息）和心智（心靈）的部分。**

傳統中國氣的文化、陰陽五行、中醫、風水等，皆是信息醫學的應用而已。他這一部分的研究與體會，確實跟我們不謀而合，所以我們在生物訊息的生命架構的論述上，多次引用陳國鎮教授的這張圖，我們認爲這張圖是非常重要的。

從這個結構，可以看到生命可以分成四個架構，分別是物質、能量、訊息、心靈，就很清楚的看到訊息在生命架構裡面的位置，介於能量與心靈的中間。以往大部分的論述除了物質、能量世界之外，就是心靈了，沒有訊息這一層，常常會聽到有人說，這個地方能量很強很好、這個東西能量很好等等，**其實能量是中性的，能量是光、熱、電磁波的作用，光、熱、電磁波沒有好壞之分，只有強弱的分別。**

能量本身沒有好壞，端看使用在甚麼地方，拿來煮飯它就是好的，拿來害人就變成不好的。而且能量要直接過渡到心靈，即從頻率跟波長、波幅的東西要銜接到心靈，中間的間隙太大了，無法無縫接軌。所以陳國鎮教授的架構在能量與心靈之間多了一層訊息，這個架構更貼近現實的世界，可以解釋過去衆多無法理解的現象。訊息才是與心靈接軌的漸層帶，在自然界很多科學與玄學的共同現象，都可以使用訊息來解釋，訊息才有所謂好的訊息跟不好的訊息。釐淸之後，往後我們需要改變說法，這個地方的訊息很好，這個東西的訊息對人很好，這樣的說法就更貼切、更嚴謹了。

生物訊息並不等於靈性

生命最基本的底層是物質，其上爲能量，這兩層一般人都可以理解及接受，但是在物質及能量之上的第三層是訊息，至於靈性在科學上並無法定義。在哲學上可以視爲是形而上的一部分，所以靈性是靈性、訊息是訊息、能量是能量、物質是物質。

生物訊息常常被人誤解就是所謂的靈性，訊息在我們研究裡面，很明確地屬於科學的範圍內，我們也很清楚的界定我們研究的範圍，物質、能量、訊息，至於靈性我們則建議回歸到身心靈、宗教團體。

第二節
生物訊息驅動能量與物質運作

我們可以看到人的生命，除了物質身體之外，還有體力、訊息、心靈才是健康完整的生命；就如電腦，除了硬件設備、電力之外，還要有軟體指令以及使用人，才能正常運作。

人的身體如同電腦的硬體設備，是屬於物質層面。

人的體力如同電腦運作需要電力，是屬於能量層面。

人的生物訊息可以驅動體力，體力再驅動身體；如同電腦的軟體指令藉由電力驅動硬體設備正常運作。

生物訊息在生命架構中的角色，就是負責指揮身體的體力、能量，以正確有序的節奏去指揮身體的正常運行。訊息、體力、身體都是生命架構當中不可或缺的一環，只是各自扮演不同的角色。生物訊息我們還是以嚴謹的科學定義來檢視，我們前面探討過，內在經絡的正常運行就是身體內部能量與生物訊息的正確有序的運行；而外在的環境與節氣因爲也影響身體的運行，因此也有生物訊息。目前的科學儀器，絕大多數是以古典與近代物理學爲基礎所建構的。所以，若是認定「只要偵測不到物質成分或能量的，就認定爲不存在或不科學」，就未免窄化了所謂的科學。

我們的觀點傾向認爲生物訊息在身體是一個獨立的處理系統，如下圖：

物質系統對應的是分子訊息，有所謂的重力場。

能量系統對應的是電磁訊息，有所謂的電磁場。

訊息系統對應的是量子訊息，有所謂的量子自旋場（Quantum Spin Field）。

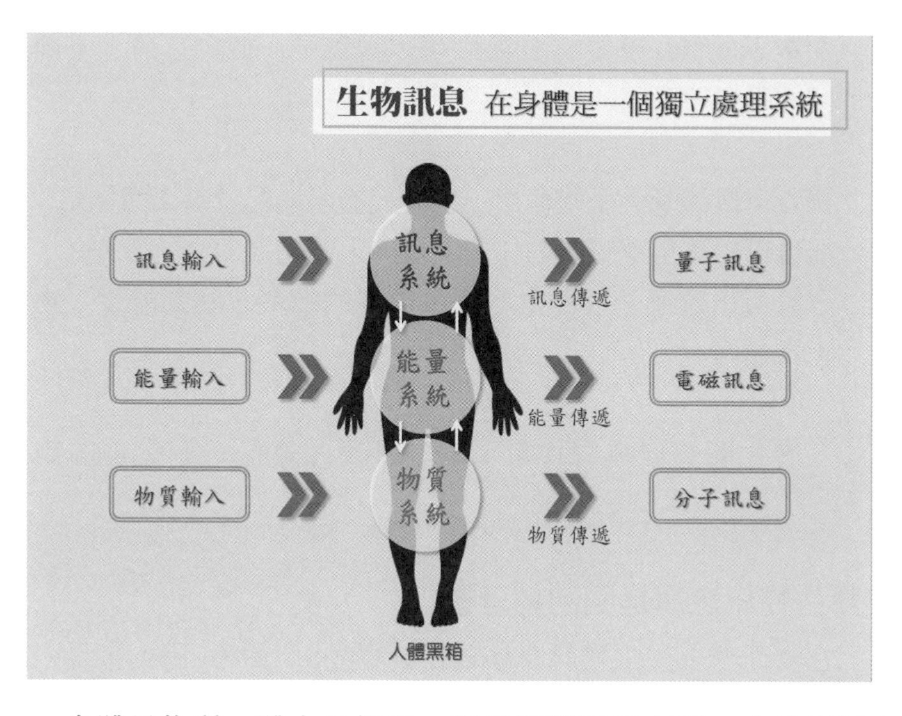

身體是物質，體力是能量，經絡則與訊息有關。由於能量本身沒有指向性，是由訊息賦予能量指向性及目的性，能量再驅動身體。

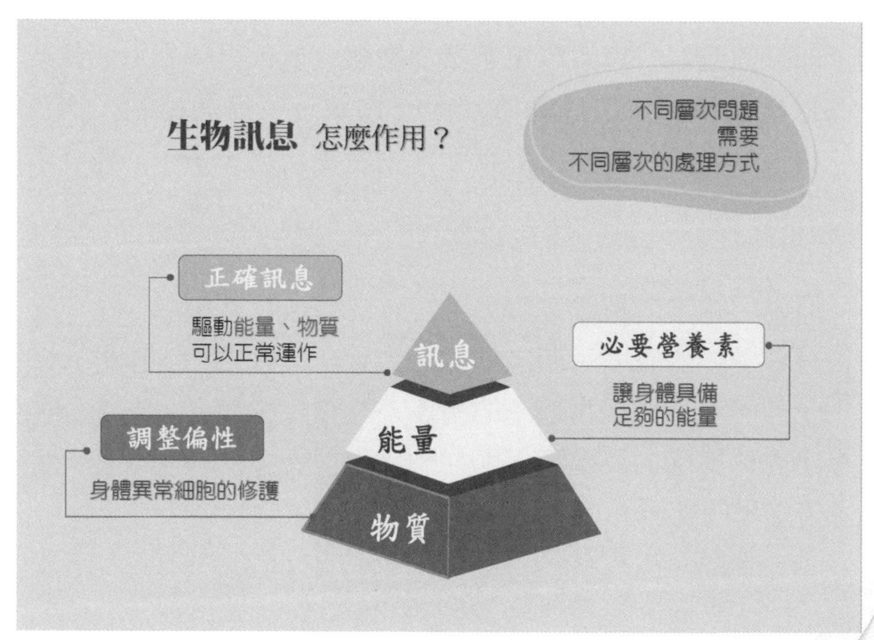

物質、能量、訊息在身體中可以視爲是一個金三角，不同層次的問題需要用不同的方式來處理：

物質可以透過分子的作用，補充人體組織的營養素與熱量；

能量可以透過電磁場的作用，協調人體組織器官的運作；

訊息可以透過量子訊息，提供正確的指令，驅動能量、物質可以正常運作。

三者之間需要協同作業，缺一不可，就像一個完美的金三角。

詮釋生物訊息還是回到物理學

在物理學上，生物訊息稱爲自旋場（Spin Field），是組成宇宙萬物的最基本的粒子的自旋所疊加而成的場域（field）。以往，發現幽門桿菌的人、發現胰島素作用的人、發現愛滋病毒的人，都對當代醫學有重大貢獻，也都獲得了諾貝爾獎。以物質與能量爲基礎的「質能醫學」，因爲侷限在物質與能量的範圍，少了訊息的論述，導致越來越舉步維艱。現代醫學對於新陳代謝（高血壓、糖尿病）、睡眠問題、過敏……只能控制，無法根治。更遑論憂鬱症、阿茲海默症、帕金森氏症……，恐難在既有道路上找到解答。

但是，時下所謂能量醫學、訊息醫學或自然醫學，依然未能獲得社會主流的認同，原因就在於其論證不夠完整。因此，我們認爲，若能清楚地從物理學的角度來詮釋生物訊息，才能爲生物訊息建立更嚴謹的科學觀。並在未來獲得更多的科學論述，而得到主流醫學的認可。

如下圖，從物理學上來說，生物訊息（Bio-Information）的理論基礎是來自於量子力學（Quantum Mechanics）的量子自旋場（Quantum Spin Field）。

宇宙萬物，包括人體，都是由微小的粒子同時也是能量場所組成（波粒二象性），而這些物質及能量場無時無刻都處於自旋的狀態，構成一個「自旋場」。1915年，愛因斯坦發表廣義相對論的時候，覺得量子自旋角動量既微小又複雜，故決定忽略不計。到了1922年，法國的數學物理學家卡坦（Carton）引入自旋角動量，得到更完整的廣義相對論。

任誰也沒有想到，這樣微小複雜的自旋場，竟然是質能（物質及能量）世界以外的新天地，而這個新領域裡的每一小步，都會是改變這個世界的一大步。我們發現，如果不從自旋場的角度去理解及出發，而從質能世界裡的能量波的頻率的角度去理解及解釋生物訊息，就容易出現極大且根本上的偏差。我們以往所認識的能量頻率，會用頻率、波長、波峰、波谷、震幅、波速……來描述。在自然界中，微波、紅外線、可見光、紫外線、X光……

都是電磁波，各有其頻率。而「自旋場」就是組成萬物的最微小粒子或者能量場的自旋角動量，所疊加起來的一個場域。

生物的狀況跟自旋場息息相關，身體出問題會改變自旋場，自旋場改變也會影響身體狀況，跟生物相關的自旋場，又稱爲生物訊息場，所以如果我們可以偵測到生物訊息場，那就可以了解身體的狀況，如果我們可以改變生物訊息場，那就可以調整身體的狀況。這就是訊息醫學的基本概念。

第三節
哪些現象是屬於生物訊息的作用？

生物訊息與量子效應，每天都圍繞在我們身邊，我們也習以爲常，甚至認爲是自然現象，很少加以懷疑及深究，這些現象其實跟生物訊息是息息相關的，前面我們有提過酵素的反應、鼻子的嗅覺、知更鳥的導航等例子，以下我們再舉兩個常見的例子來說明。

一、經絡與穴道存在嗎？

若存在，爲何西醫運用最先進的儀器只能測量到部分的電流特性，無法完整的表達經絡的特性？若不存在，爲何《黃帝內經》言之鑿鑿？中醫數千年的醫理、藥理都以此建立基礎，治癒了衆多的病患，中醫院裡的銅人身上的那些經絡與穴位豈非騙局？針灸術豈非故弄玄虛？爲何人體會自動在不同的時辰啟動不同的經絡？例如：凌晨3-5點啟動肺經的循環。

經絡與穴道的作用是否就是生物訊息，尚存在一些爭議，有些經絡現象，可以實際的測量到人體內特定途徑具有特定的電流，這應該與生物訊息無關，但有些經絡現象與人體的意識有關，可以用意念驅動，這可能與生物訊息有關，詳細的結論要進一步的研究。不過可以理解的是，經絡應該包含電流與生物訊息的特性。針灸屬於電生理學，會刺激身體產生特定的電流，經絡現象不是單純的訊息場，可能是訊息場與人體電磁場交互作用之後的結果，所以研究經絡的人發現經絡有光、磁、電、聲等等特性，而這些特性都是電磁波的特性，但是訊息非電磁波，只是會被電磁波乘載。

● 古人應該沒有騙我們，經絡與穴道確實存在。

● 現代西醫使用的儀器都是古典物理與近代物理爲主的檢測，只能檢測到部分經絡電流及能量的反應，對於部分經絡現象與人體意識有關，可以用意念驅動，可能與生物訊息有關的部分，則是無法檢測。

● 像現在的經絡儀，是偵測經絡運行的電流現象，對於有些訊息的流動，則是無法檢測。訊息的部分需要透過量子共振儀器來檢測。

二、樹葉的光合作用

太陽能科技發展至今，只能把太陽光的能量中大約20%轉換爲電能，換言之，其餘80%還是無法利用到。爲何樹葉行光合作用，可以利用90%以上的太陽光的能量？大熱天時，我們在大樹下總是特別涼快。因爲陽光經過樹葉，有大部分都會被樹葉吸收作爲光合作用的能量來源。

最近研究證實樹葉的葉綠素行光合作用，是量子效應。之間的物質能量轉換是透過最底層的量子效應直接轉換，不是能量級別的光電效應。因此轉換效率特別高，耗損特別低。

第四節
生物訊息與一般的能量產品有何不同？

生物訊息很容易跟能量混淆在一起，因爲以往的認知，訊息是混在能量裡面，被當成能量來看待，訊息跟能量常常交互作用，也容易被當成是同樣的東西來看待。在我們知道訊息是獨立存在的一種物理現象後，更應該把既有的誤解把它釐清楚，常見的能量產品可以分成幾類：高頻波、舒曼波、遠紅外線、負離子等，很容易讓人誤解跟生物訊息是否一樣，尤其在不了解生物訊息基本理論與特性之前，很容易把生物訊息歸類於其中的一項。

由於這些能量產品已經行之有年，各種論述與功能的驗證都相對成熟，再加上能量的檢測，可以透過頻率、功率、放射率、濃度等數值的檢測，非常容易得到數值，不像生物訊息必須要採用量子共振儀器才能檢驗，目前也沒有公認的檢驗標準，才會讓生物訊息常常被誤解爲只是其中一項能量產品的進階版。

高頻波Rife Frequency

我們在推廣生物訊息技術的過程中，經常會遇到很多人甚至是同業持著高頻波的產品，來跟我們交流，並詢問這與生物訊息有何不同？

高頻波Rife Frequency是Dr.Rife找到的一些頻率，可以對應到不同的疾病與器官。Dr. Rife已經過世，但這些頻率在網路上都可找得到。過去這幾十年來，有許多的人就利用這些頻率來治療疾病。不過效果很有限。這些頻率與器官、疾病的對應關係並不是很明確，當初Dr. Rife如何找到這些頻率，沒有人知道，所以也沒有人有辦法去修正這些頻率。有興趣的人，也可以去找相關的資訊，網路上也有販賣相關的設備。

就物理學上來說，一個金屬原子，受高頻波激發，使得金屬原子外圍的電子，由於吸收了能量之後，由較低的電子軌道躍遷到較高的電子軌道。（例如較靠近原子核的第1軌道，躍遷到能階較高的電子軌道，例如第2、3軌道）。之後，當這些較高能階軌道的電子，下降到較低能階軌道時，就會把原本吸收的能量以電磁波的方式釋放出來。會產生特定頻率的高頻波出來。高頻波的技術也常常做在金屬的物品上面，一個金屬的物品號稱有特定頻率的輸出，產生特定的功能。

電磁波對人體是否有作用？醫學上一直都沒有明確的驗證，再現性及針對性都不好，若是不同的電磁波頻率可以拿來治病，以主流醫學的能力再加上電子電機的技術，早就可以設計不同頻率的設備來供醫學使用，爲什麼百年來沒有這類的發展，原因無他，這類的驗證都沒有通過正式的臨床測試。我們研究生物訊息的過程發現，**頻率之所以被少數人認爲可以拿來治病，應該可能是一個美麗的誤解**。生物訊息容易被誤解爲是電磁波，因爲生物訊息在作用時，身體有時候會有產生一些電磁波，類似像頻率一樣的外顯現象，有些人觀測到這個現象，就把這些頻率記錄下來，然後想用同樣的頻率來刺激身體，希望能達到同樣的效果，這應該就是高頻波的理論來源。

生物訊息是一個生物體所有基本粒子的自旋方向、角度、動量……的總體效應，與能量面的電磁波完全不同。以電磁波來模擬生物訊息的運作，其作用機制都不同，與生物體的耦合度也會很差。因爲人體不是天線，不同頻率波段的電磁波，會使用不同的天線，所以手機、電視、家裡的WIFI……天線形狀都長得不一樣。既然人體不是天線，怎麼可能與電磁波頻率會高度耦合？

生物訊息雖然不是電磁波，而是量子自旋，但是因爲自旋場角動量非常小，所以常常需要透過與電磁波的交互作用才能產生效應，過程中就會讓人誤以爲是電磁波在作用，因爲電磁波測的到，生物訊息測不到。這就是很多生物訊息的現象常常被看成是電磁波的作用，原因很簡單，就是只有電磁波看的到。這個誤解如果不從生物訊息的角度來看，就會一直被忽略與誤解，因爲**相同的生物訊息承載在不同頻率的電磁波當中，對人體的作用是相同的；不同的生物訊息承載在相同頻率的電磁波中，對人體的作用是不同的**。

也就是**頻率的改變並無法改變功能，而生物訊息只要改變，功能就馬上改變了**。一般就算單獨的生物訊息，在沒有外來電磁波的情況之下，因爲人體的神經系統及經絡系統會產生電磁波，這些微量的電磁波就會把生物訊息攜帶進入身體作用，也讓很多人誤解是這些電磁波在主導神經系統與經絡系統。因爲生物訊息的作用跟電磁波息息相關，所以才會說這是一個美麗的誤解。

單獨的電磁波如果沒有生物訊息的交互作用，就不會產生特定的效果，就只能靠更高功率的能量作用，因此有些電磁波頻率的產品，爲求加強效果，會設法提高功率。就會容易出現副作用，反而會有害人體。綜合來說，不管從作用機制及效果上來說，高頻波Rife Frequency與生物訊息技術完全不同。

舒曼波Schumann wave

簡單的說，舒曼波就是恆久存在於地表與電離層之間的諧振波，頻率爲7.83赫茲（Hz）。對於舒曼波，我們引用維基百科的介紹，節錄如下：

舒曼共振（Schumann resonance）是一種由閃電所引起

的訊號，一般的頻率約爲8Hz，正確來說應該是7.83Hz。1954年德國物理學家舒曼發表一項理論，他認爲距離地面約一百英哩的天空有一層環電離層（Ionosphere），它會隨著日光強弱發生變化，與地球表面剛好形成一個類似空腔諧振器（Cavity resonator）的空間。大氣內的各種震動頻波與電波則不停地於其間到處傳播，有的愈傳愈弱，終至銷聲匿跡；有的則發生共振而持續存在。譬如有一種波會愈走愈強，或至少強度穩定，並永遠存在不消失；當它從地球上的A點出發，環繞地球一周回到A點後，仍會與最初出發時的波步調一致（即「同調coherent」；電學上稱之「相phase」），這種波就是「舒曼波」，其間的諧振情形，就是舒曼諧振（Schumann resonance）。舒曼波的波長相當於地球圓周，換算成頻率約8至10赫茲。

舒曼波可以視爲地球上恆久存在的基礎頻率，確實對於人體會有影響。但是，話說回來，既然舒曼波一直都存在，沒有消失，除了因爲工作或生活作息接收到太多電磁波（如：手機、電腦、家電產品、及工作場所的電磁設備……）干擾以外，絕大多數正常的人，其實並不需要「額外強度」的舒曼波。

蘇聯的科學家研究發現，生物體的溝通訊息所使用的載波都是低頻波，頻率範圍與人體的腦波相同，舒曼波的範圍剛好落在這個範圍內，所以舒曼波對生物體的溝通有些影響，不過，如前面所述，生物訊息與承載生物訊息的載波是不同的，就好比說，手機是利用電磁波來傳遞訊息，但是講話的內容本身是訊息，而傳遞訊息的電磁波只是載體而已，市面上有人用舒曼波來治療失眠，這是有待商榷的，因爲造成失眠本身，是人體的腦波紊亂，而人體的腦波紊亂與否，並非舒曼波所造成，而是這個人的生理、心理還有社會關係有關，也可以說，是這個人的生物訊息紊亂所造成的，而非外在頻率強弱所導致的。

人體很多的病症，背後通常有多種不同的原因，例如：睡眠障礙的原因，可能是焦慮、高血壓、低血壓、過敏……等原因所致。舒曼波既然只是地球上的基礎頻率，我們實在很難期待它能幫我們解決太多的事。再者，跟高頻波一樣，若是爲求加強效果，有的業者，不惜拉高功率，對於人體反而會產生傷害。我們前面也談過，所謂的頻率，就是能量面的名詞，有頻率就相對有波長、波鋒、波谷，這樣就可以完整描述；但是這樣的描述只是生物訊息運作時候的外顯現象的一部分，並非生物訊息的本質。生物訊息是一個生物體所有基本粒子的自旋方向、角度、動量……的總體效果，與任何能量面的波（包括舒曼波及所有電磁波）完全不同。

遠紅外線Far Infrared

市面上有很多遠紅外線的產品，關於遠紅外線對於人體有好處的論述也不少，我們來探討一下，遠紅外線與生物訊息有何不同？

我們前面談過高頻波（Rife Frequency），也提到過舒曼波，也說明上述二者都是屬於能量波（電磁波）。爲了讓各位更加了解不同頻率的電磁波，請各位看看下圖，這張圖將各種不同的電磁波，其波長由短至長，由左到右羅列，這樣看起來就非常清楚。

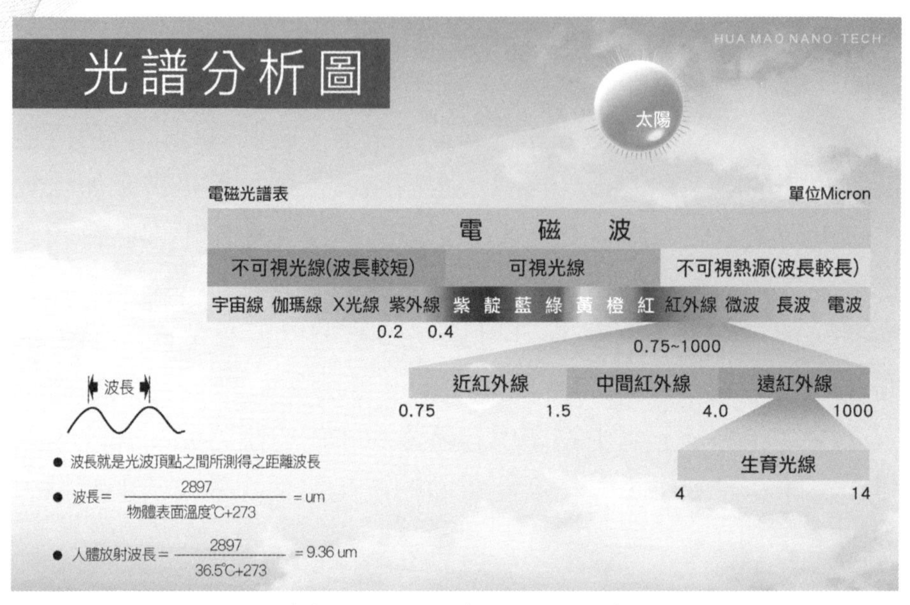

（華楙生技股份有限公司提供）

左邊我們可以看到波長較短的X光、紫外線，是屬於不可見光，人的眼睛看不見。中間就是可見光，有紅橙黃綠藍靛紫。有了可見光，我們的眼睛可以看見各種不同顏色的物體，可以看見這美麗的世界。右手邊的紅外線、微波、電波……也是不可見光。紅外線又可以依其波長的長短，區分為近紅外線、中紅外線及遠紅外線。其中，波長4-14微米是目前商業上運用的遠紅外線，由於這段波長的遠紅外線特別容易被人體的皮膚、肌肉、血液……共振吸收，對於人體有不少好處：細化水分子、促進人體的微循環、保鮮蔬果……，因此也被稱為「生育光線」。

儘管遠紅外線有不少好處，但仍屬於能量波，也就是電磁波。只不過遠紅外線的特性非常適合人體共振吸收，這與生物訊息（量子自旋場）仍有本質上的不同。

負離子Negative Air Ions

負離子，簡單的說，就是帶了負電的氧分子。一般的氧分子是由兩個氧原子組合，化學式是O_2，是呈電中性的狀態，因爲其外圍帶負電的電子與原子核帶正電的質子數量一樣，所以呈電中性。

在大自然中，由於輻射、電擊或者摩擦都可能使一個原本電中性的氧分子因爲多獲得了一個帶負電的電子，而變成帶了負電的氧分子，就是負氧離子，俗稱負離子。

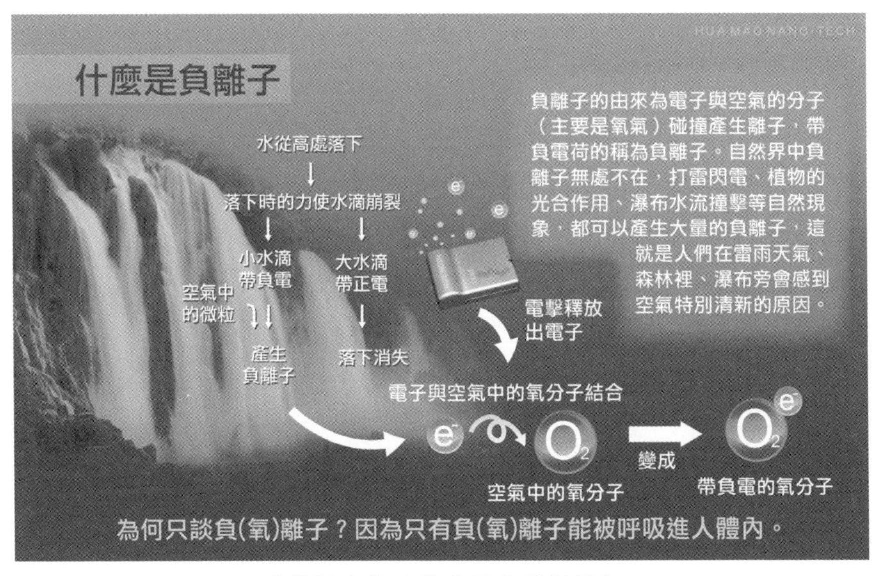

（華楙生技股份有限公司提供）

輻射有太多副作用，我們不鼓勵使用這樣的材料。電擊方式，則是時下一些電器產品產生負離子的原理。而大自然，尤其是森林及瀑布旁邊，是負離子最多的地方，我們身處其間，總是覺得身心舒暢，所以我們鼓勵大家多接觸大自然，我們常聽說的芬多精就是大自然產生的負離子。負離子是一個氧分子因爲外來能量的作用造成多一個電子，整個分子因此帶負電，後續因爲電荷的作用，造成的氧化還原反應，可以有效的清除身體的自由基，達到某些效果。所以，生物訊息與負離子的作用機制無關。

了解生物訊息的定位，才能更清楚的歸納以往生命活動裡面的現象那些是訊息？那些是能量？那些是物質？過去所碰到的問題才能用更精確角度去分析原因，我們花了很多的心力在驗證訊息是獨立存在的一部分，有別於能量與物質，在生命裡面扮演不同的角色，這一個部分看起來有一點艱深與生澀，讀起來需要花一點時間才能理解，對於研究理論的人可能較無負擔，對於研究哲學的人就相對困難，我們努力的以我們過去十幾年的經驗，使用最淺白的文字，保留理論的精華，兼顧科學性、易讀性的論述方式，希望可以帶領各位讀者進入一個嶄新的領域。

第五章
從中醫的黃帝內經來看生物訊息

第一節　黃帝內經的氣與生物訊息

第二節　以中藥爲例談生物訊息的配伍

第三節　生物訊息測量的原理與方法

在生物訊息研究的進度上，我們還算是領先大部分國外團隊的，很多國外團隊的技術在我們看來，都還停留在20年前的階段，一直無法突破。這跟我們以前走過的路有一點像，曾經停滯過，在剛開始的前幾年我們走得很順，感覺進步很多，但是在實際運用時卻發現理論數據沒錯，效果卻遠遠不如預期，我們也停擺過一段時間，一度沮喪，不知如何突破。

經過一段時間的努力，除了發現到生物訊息更基本的理論與特性外，更發現中醫的理論與生物訊息極爲相近，交相比對後發現中醫的基本理論宛如就是生物訊息的縮影，在引用中醫的理論進來後，我們將生物訊息理論融合中醫藥的理論，整個獲得很大的突破。也因爲這個原因，我們團隊幾個成員也陸續投入中醫藥的學術研究，在中醫博士論文的研究方向與這些中醫藥大學臨床上合作，導入生物訊息的臨床研究，實際驗證這些理論的可行性。

我們團隊得天獨厚的地方，除了理念相近之外，因爲成員來自於不同專業領域的組合，讓整個研究可以融入更多領域的專業，並在獨特的中醫背景下，找到了生物訊息運用的突破口。尤其中醫這一塊的專業，更是國外的團隊無可比擬遠遠不及的地方，西方在質能醫學的領域遙遙領先，但在發展訊息醫學上，一些既有的觀念反而變成包袱。一個他們認爲不科學的中醫，想把它改革淘汰掉，竟然隱藏了訊息醫學的大門。

第一節
黃帝內經的氣與生物訊息

談到中醫就不能不提到《黃帝內經》，《黃帝內經》是我們學中醫的基本理論經典，包含《靈樞》、《素問》兩部分，中醫的基本理論來自於「氣一元論」。

什麼是「氣一元論」？我們從中醫基礎理論來說起。「氣一元論」認爲，氣是構成天地萬物包括人類的共同原始物質，宇宙中一切事物和現象，都是由氣構成，氣的運動推動著宇宙萬物的發生、發展和變化。氣的學說源於中國古代哲學範疇，其核心思想是用一元論來說明這個世界。中國古代哲學關於氣的學說，滲透並融入中醫學理論體系，深深地影響著中醫學的形成和發展。

《黃帝內經》充分應用「精氣學說」的理論，以氣爲總綱，根據氣的分佈部位、功能作用的不同，命名了八十多種氣，用「氣一元論」統一說明自然現象、生理活動、精神意識、病理變化、臨床診斷、針藥治療、養生保健等，來說明氣是人體生命活動的總根源。

中醫學所謂的氣，由於包含著不同的物質形態，其生成、分佈、功能等多有不同，且具有多樣性，不同名稱：

第一種自然之氣：如天地之氣、陰陽之氣、五行之氣、四時之氣等；

第二種人體之氣：如元氣、精氣、神氣、宗氣、營氣、衛氣、正氣、五臟六腑之氣、經絡之氣等；

第三種病邪之氣：如六淫之氣、癘氣、惡氣、毒氣等；

第四種食藥之氣：如寒、熱、溫、涼四氣等。

人體之氣，是指在人體內活力很強的、運行不息的極其細微物質，是構成人體和維持人體生命活動的最基本物質。

其實中醫裡面的氣在科學上一直都是一個謎，那怕我們引用了那麼多《黃帝內經》的說法，大家一定也是知其然，而不知其所以然。但是這樣的一個特性，在我們研究生物訊息的過程中，卻找到了相關性，氣的某些特性與生物訊息的特性極爲類似，譬如中醫學四種類別的氣：自然之氣、人體之氣、病邪之氣、食藥之氣，所衍生出來的八十多種氣，跟生物訊息研究中所發現的環境的訊息、人體的訊息、病症的訊息、食品藥物的訊息有非常類似的對應，我們也從這樣的概念擷取了這些訊息，驗證這些訊息大部分跟這些氣的特性極爲相似。

前面章節我們實驗所驗證的抗生素訊息，就是第四種食藥之氣，既然我們已經經由實驗得到這種藥的生物訊息，那其他的氣應該也算是來自於不同地方的生物訊息。

自然之氣來自於環境的陰陽、五行、不同季節的氣，我們也可以發現陰陽、五行、節氣的生物訊息，環境之所以會影響人的身體狀態，就是來自於這些訊息。

人體之氣來自於身體不同部位、五臟六腑、經絡的氣，我們也可以發現身體不同部分、系統的訊息強弱與變化，與身體的狀態有關。

病邪之氣來至於身體內部情緒的變化、外來的瘴氣、惡氣、毒氣，我們也可以發現當身體內部出現這些訊息時，身體確實處於不正常的狀態。

食藥之氣來自於食物、藥物的生物訊息，有各式各樣的特性，我們發現這些食物、藥物裡面的生物訊息，透過適當的搭配，對人體的作用，與直接食用這些食物跟藥物，有類似的作用。

因此中醫運用這些氣的運動，也就是所謂的氣機，來判定身體的狀態，得到的病機、病症，了解其中的問題與關鍵，再運用砭、針、灸、藥來調整這些氣機，讓身體恢復到自然平衡的狀態，這就是中醫沿用幾千年一貫的調整方法，若是生物訊息的特性與氣的特性類似，那生物訊息的研究與驗證也可以透過幾千年來中醫的系統來做驗證與運用。

長期以來，各國訊息研究的人員使用的不同類型的**訊息檢測儀器所檢測的數値，其實就是這些氣機的變化**，但是他們在調整身體的做法上，卻使用西醫治病的方式，也就是牛頭不對馬嘴，以至於效果不彰。就是訊息的檢測用的是類似中醫的辨證，治療卻是用西醫的方法來做，這樣其實是不中不西。方法不對，效果當然就有問題。譬如中醫診斷是肝陽上亢，治病的時候卻用西藥的消炎藥，理論基礎都不一樣，當然最後的結果一定大失所望。

在研究的過程中，我們確實從中醫的理論中獲益良多，這也是我們與國外團隊不同的其中一個因素，因爲前面的訊息來源，我們採用了中醫系統的各種訊息，後面的運用上，就直接引用中藥的方式來調配，這就牽涉到中藥本身的配伍。

第二節
以中藥爲例談生物訊息的配伍

在前面的實驗中，我們把抗生素的生物訊息經過特定的方式擷取出來，並轉載在特定的載體上，再透過載體的釋放過程，可以把訊息釋放到生物體上面，達到跟抗生素類似的特性。因此在生物訊息的運用上，我們可以採取這樣的概念，選擇一個好的生物訊息來源，擷取可以使用的生物訊息供後面使用，這個想法在我們腦中持續好幾年，到近幾年才實現這樣的作法。

首先我們要找到一個安全穩固的生物訊息來源，而訊息的種類要夠完整，前面我們提到的中醫四種類型的氣，又分成八十多種的氣，每一種氣裡面又包含了更多的細微內容，這些都可以成爲我們訊息的來源，有了穩固的生物訊息來源，後面的運用就可以利用中藥的做法，中藥材雖然只有五百多味藥，但是運用時千變萬化，不同的組合可以產生不同的功效，中藥材的四氣、五味、歸經的特性正是這些訊息的源頭。

中藥自古以來從不講成分，這就是中醫氣的理論，以人參爲例，人參的性味歸經特性是甘、微苦、微溫，歸心、肺、脾經，這是中醫對人參性味歸經的認知。從四氣、五味、歸經的角度來評估中藥的功效，跟生物訊息的特性極爲相似，尤其歸經這項非常特別。

什麼是四氣五味？什麼又是歸經？

《神農本草經》序論：

「藥有酸、咸、甘、苦、辛五味，又有寒、熱、溫、涼四氣，及有毒、無毒。」

四氣：指寒、熱、溫、涼四種不同藥性，又稱四性。它反映了藥物對人體陰陽盛衰、寒熱變化的作用傾向，寒涼和溫熱是兩種對立的藥性，而寒與涼、熱與溫之間只是藥性程度上的不同。

五味：原指藥物的辛、甘、酸、苦、鹹五種味道，後擴展為體現藥物功能歸類的標誌。

辛味如細辛，有發散解表、行氣行血的作用。

甘味如甘草，有滋補和中、調和藥性及緩急止痛的作用。

酸味如山楂，有收斂固澀的作用。

苦味如黃連，有清泄、燥濕的作用。

鹹味如玄參，有瀉下、軟堅散結的作用。

歸經是藥物作用的定位概念，即表示藥物在機體作用的部位，歸是作用的歸屬，經是臟腑經絡的概稱，所謂歸經就是指藥物對於機體某部分的選擇性作用，即主要對某經（臟腑或經絡）或某幾經發生明顯的作用，而對於其他經則作用較小，甚或無作用。

由以上的定義，我們可以了解，中藥的作用其實就是整個氣的作用，中醫的經絡是氣的通道，歸經就是藥物進入身體，會啟動特定經絡的氣運行，四氣可以呈現寒、熱、溫、涼的特性，五味可以呈現辛、甘、酸、苦、鹹的作用，所以說這是中藥的藥氣，中藥自古以來持續使用的單方藥材，數量大概維持在500種上下，中醫師的藥方就是從這500種左右的藥材去組合成，各種症狀都能處理，中藥本身就是一種積木式的配伍概念。

因此中藥裡面的這些屬性剛好可以作為生物訊息的安全穩固來源，若是以這些當作源頭，中藥所運用的君、臣、佐、使的配伍概念，就可以引進來做為生物訊息的配伍，抗生素的生物訊息可以具有與抗生素類似的特性，中藥材的訊息同樣會具有與中藥材類似的特性。

在運用上，我們爲了安全穩固的考量，選擇了藥食同源的中藥材、食品爲主的動植物以及平常大多數人配戴的礦物作爲我們生物訊息的來源，也就是這些原來就可以天天吃的食品或隨身佩帶的礦石，對人體沒有傷害的這些東西，其所帶的生物訊息理應對人體也沒有傷害，符合安全穩固的來源。

實際運用上，考驗的是生物訊息如何配伍，才會產生效果，前面提到很多的生物訊息來源是中藥材，中藥的運用是四氣、五味、歸經特性，必須透過跟中醫理論類似的君、臣、佐、使來配伍，讓這些複合的生物訊息可達到我們想要的目的。因爲人體本來就是一個非常龐大複雜的系統，其中訊息系統更是複雜，想要讓外來的訊息被人體的系統接納，進而影響身體的狀態，複雜度極高，不是單純的生物訊息本身或是強度而已，而是要能夠達到**和諧共振的模式**才行。

生物訊息的來源既然大部分來自於中藥材，必然符合中醫陰陽、五行平衡的概念，依照生物訊息的四氣、五味、歸經特性使用君、臣、佐、使的配伍，來調整身體的陰陽、五行平衡，這就是中醫養生及治病的原則。這樣的方法承襲了數千年中醫用藥的規律，而且通過歷代的中醫充分的臨床實務驗證，**我們不用自創一個方法，從零開始。這也是之所以我們比國外團隊特別精進的原因之一。**

因此生物訊息技術的發展除了是一條新興的科學道路，也可以當作中醫現代化的依據。

第三節
生物訊息測量的原理與方法

氣的運動，中醫學稱之為氣機。一切運動都由氣產生，通過其作用，也就是因為運動而知道氣的存在。中醫藉由氣機的變化觀察氣的變化，因為氣是無形的，無法直接觀測，必須要觀察氣的運動產生的現象來觀測。生物訊息跟氣一樣無法直接觀測，那要使用什麼方法才能測量生物訊息的性質呢？本節將會詳細來說明。

生物訊息是利用基本粒子的自旋來記載，因此，可以測量粒子的自旋場大小就可以比較其差異性，但是實際的自旋場本身不容易測量，量子自旋屬於微觀的效應，不容易觀測，因為所有觀測的方法都會直接影響量子自旋場的狀態，由於生物訊息就是記載在自旋場，也是一樣不容易測量，目前能使用的方法只能靠其效應間接證實它的存在。一般常使用的方式有兩種：

1. 使用共振測量

測量有無共振及共振的強弱，以一組已知的A訊息來比對欲觀測的B訊息，透過與電磁波的交互作用，讓兩組承載訊息的電磁波產生共振效應，若A訊息與B訊息產生共振，則代表A訊息類似B訊息，且若共振指數越高，則代表A訊息越類似B訊息。這也是量子共振設備的基本原理。

2. 使用訊息所造成的效應測量

例如，我們以肝經的訊息使用在人的特定部位，一段時間後，使用經絡儀測量經絡的反應，發覺人體的肝經確實有所改變，這樣也可以證明訊息存在而且有作用。

生物訊息測量的原理

至於爲何量子與訊息本身不容易觀測？由於量子是組成宇宙萬物的最基本的粒子，因此，被觀測物是量子組成，觀測工具也是量子組成，所以當您觀測量子的時候即會對其形成擾動，所以您所收到的觀測結果，就已經不是其原來未觀測之前的樣子。其實當物質到達普朗克尺度時（普朗克長度1.616252×10^{-35}公尺），物質的不確定性是本質，而不是測量造成的。萬事萬物在極小的尺度下，就會顯現出不確定原理的本性，也就是在極小尺度下，物質的型態就不一定了，這就是不確定原理的本質。

因爲擾動而不能觀測？又怎麼解釋呢？在古典力學裡，在測量物體時，擾動可以被消減得越小越好，但在量子力學裡，對於這擾動存在著一個基礎限制，並且，這擾動無法被控制、無法被預測、無法被修正。一束光線被照射於一個電子，光線的波長越短，精密度越高，可以越準確的測量電子位置，但是，光線的頻率與動量也會越大，而且會因爲被散射而傳輸動量給電子，改變電子的狀態，其數量無法被確定。波長越長的光線，精密度越小，頻率動量越小，電子的動量不會因爲散射而改變。可是，電子的位置也只能大約地被測知。

白話來說：從巨觀來觀察，若用光來照射一堵牆，來觀測這堵牆是否存在、高度、形狀、顏色……等，是可行的。因爲光子打在牆上，光子很小，牆高大厚實，牆不會因爲光的照射而被推動、改變……或起任何變化，因而我們可以準確觀測。若我們把撞球檯上的每一顆球比喻成量子，由於觀測工具也是量子組成，觀測的時候就如同我們用9號球來撞其他號球，撞擊到的時候，被撞的球，會撞得四處滾動，就已經不是原來觀測前的樣子，這就是擾動。

當然這個解釋是巨觀的運動力學現象，並不適宜來解釋微觀的量子擾動現象，只能當作參考想像就好，不要認定這個就是量子的擾動。真正的量子微觀世界，就算是一個針尖，也是由無數的量子組成，觀測時會對哪些個量子產生如何的擾動，根本無法預估與計算。

簡而言之，訊息是不可測，但可以透過共振與造成的效應去驗證它的特性，量子力學真的很難，就連最聰明的科學家都不見的可以完整詮釋特性，站在運用的角度來說，各位只要了解基本的特性與作用即可，複雜的研究就交給我們來進行。從這裡開始，各位若是要深入了解生物訊息的奧祕，必須要跳脫世界是由「物質」及「能量」所組成的思維框架，進入「量子與訊息」的世界了。

生物訊息檢測的方法與儀器

最後我們來說明實際在檢測上，運用的方法與儀器：

1. 使用共振測量

一般都透過量子共振儀測量，原理很簡單，就是用一個已知的標準訊息，對檢測的項目去做共振，如果產生共振，就代表這個物品本身帶有這個訊息場，共振強弱代表這個訊息的強弱，這是一個很科學的驗證方式，但還是很多人不見得認同，覺得不科學或看不懂檢測的報告。其實化學或食品檢測常使用的HPLC、GC等設備，檢測結果圖譜所產生的peak，我們也不知道這是什麼成分，必須同時跑一個標準品的圖譜，同一個位置就知道這個peak跟這個標準品是一樣的成分。

再回來看量子共振檢測，也是用一個已知的訊息去比對一個未知的訊息，就會覺得一切很正常了。要使用一個已知訊息去檢測未知的訊息，如同前面說的需要使用量子共振設備來做檢測，那至於檢測出來的訊息強度單位是什麼？很多人都會有疑問，就像長度的單位是公分、公尺，重量的單位是公斤、公噸。

訊息的強度單位目前在物理學上還沒有得到一個共識，因此還沒有一個通用的單位來表示，我們團隊爲了研究的需要，創造了一個相對的強度單位出來，以特定的一支通用抗生素的抑菌能力數值當作100，當作一個相對的單位，去檢測其他功能時，用這個強度來標示檢測出來的數值，譬如檢測出來的強度是這支抗生素抑菌能力的1.5倍，這個數值就被定義成150，強度是0.3倍，就被定義成30，這樣的報告就可以呈現每個訊息的強弱對應，供研究及應用上的參考值。

一開始也有人提出質疑，認爲這樣的數值不精確，不過在科學上很多的單位其實都是用相對值定義出來的，譬如攝氏溫度，就是在標準大氣壓之下，以水的冰點當作0度，沸點當作100度，其間劃分成100等分定義出來的。還有長度公尺的單位，1公尺的長度最初定義爲通過巴黎的子午線上，從地球赤道到北極點的距離的千萬分之一。看到以上的定義，就會認同我們的生物訊息共振檢測的單位，其實是具備科學嚴謹的定義的。

很多人好奇共振測量的內容長什麼樣子，我們曾與唱片公司合作請其提供音樂作盲測，選擇一首知名的歌曲，兩個不同的演唱者，檢測兩首音樂的訊息有什麼不同，音樂檢測的數據數值大家可以參考看看。

因爲可以比對的訊息項目非常多，我們現有的訊息資料庫高達上萬種，我們不特別去說明這些項目，只取其中最重要的一項：**生命平衡力**來說明，生命平衡力的意義代表對生物整體的作用力，數値正的代表是往正向發展的，越大代表影響力越強，如果是數値是負的代表是往負向發展，通常如果檢視出來是負數的，我們就不建議使用，那怕單一個項目是正向的，因爲整體是負的，長期使用反而會產生負面的影響，因爲生命平衡力這一項非常重要，我們都會以此項作爲一個基本指標。

我們檢測兩組不同演唱者的版本，分別爲A演唱版本與B演唱版本，可以看到同一首歌，兩個演唱版本的數據都不一樣。A演唱版本生命平衡力數値是110，B演唱版本生命平衡力數値是400，根據唱片公司提供當時YouTube跟蝦米音樂上的點閱數字合併計算，A版本總計是3737次，B版本總計是328萬次。

從檢測的數値我們可以大概知道這首歌的特性，兩首歌因爲不同演唱者，檢測出來的數値明顯有差異，而這個差異最後在比對點閱數量時，發現正向的訊息越強，越受歡迎。這個可以理解一般人在沒有數字基準値的引導情況下，自由選擇的表現，仍然會趨向正向訊息越大的歌曲，這個應該是生物的自然反應，不用一定要有特異功能的人才能感受到。普羅大衆的我們平時在生活裡面的點點滴滴，其實都會憑自己的感受去做選擇，而這些感受必然會是對自己最有幫助的方向，或是與自己共鳴的方向，訊息檢測可以表現出來的，正是該首歌曲的客觀訊息強度。

2. 使用訊息所造成的效應測量

因爲生物訊息具有不同的特性，會影響身體的狀態，這個狀態的改變若是使用現有的儀器是可以測量的，那就可以驗證出來訊息的特性對身體的改變。當然原來在生物訊息的領域，也是有很多傳統的測試方法，譬如肌耐力測試、O環測試、靈擺測試等，這些測試因爲主客觀因素過於複雜，我們不介紹這些，只針對一些科學性的儀器可以重複驗證的方式做介紹。

腦波測量

腦波是人體相對敏感的指標，而且不同頻率的腦波具有不同的指標意義，腦波依頻率可分成五大類：

β波（顯意識14-30Hz）、
α波（橋梁意識8-14Hz）、
θ波（潛意識4-8Hz）、
δ波（無意識4Hz以下）、
γ波（專注於某件事30Hz以上）等，

這些意識的組合，形成一個人的內在行爲、情緒及學習上的表現。

腦波測量一般是使用腦波儀，市面上品種很多，本書檢測使用的是美國muse的腦波儀，使用它的即時腦波的監視功能，觀測腦部的活動量，如圖所示，檢測報告底下有五個波段區域，上半部代表腦部的活動量，紅色代表最活躍、黃色代表活躍、綠色代表平靜、藍色代表最平靜。

我們針對同一個人測試，左邊的檢測報告是在使用α波生物訊息晶片（帶有強化α波生物訊息），握在手上3分鐘後，腦波開始呈現大量藍色的區域，代表最平靜的區域增加，也就是心情變得更平靜。右邊的檢測報告是在使用反α波生物訊息晶片（帶有弱化α波生物訊息），握在手上3分鐘後，腦波開始呈現大量紅色、黃色區域出現，代表活躍、最活躍的區域增加，心情會變的易激動、躁動。

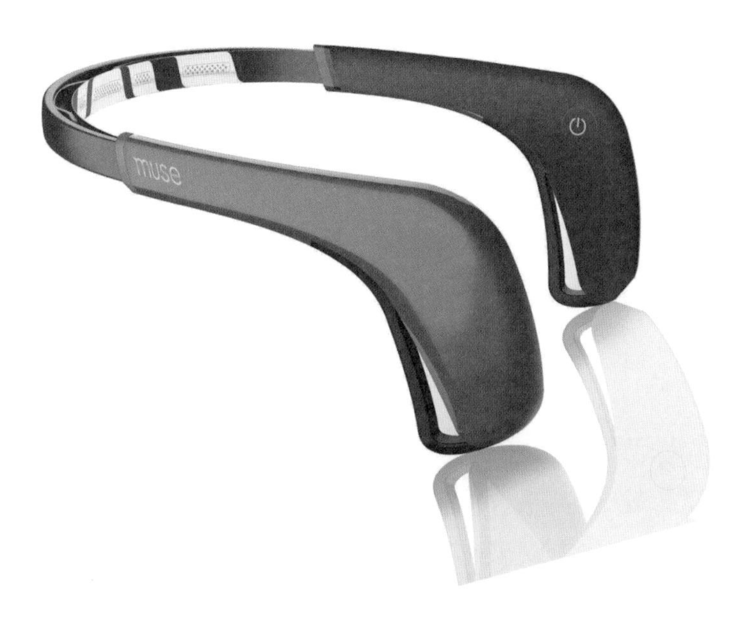

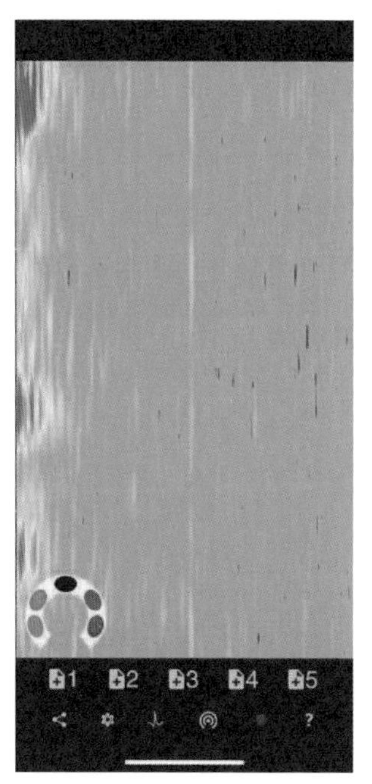

使用 α 波生物訊息晶片

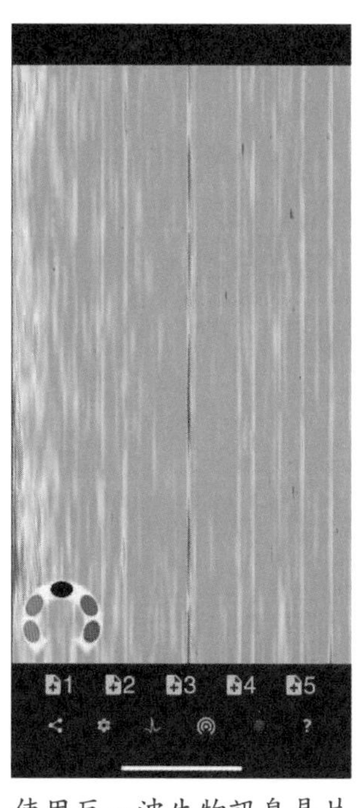

使用反 α 波生物訊息晶片

這個檢測可以發現生物訊息的作用針對性很高，什麼生物訊息可以引起什麼樣的反應很清楚，跟一般能量產品不同，能量產品效應都是來自能量的刺激，同樣的能量產生的刺激作用都一樣。生物訊息的特性是同一片晶片，灌入α波生物訊息就可以強化α波的反應，灌入反α波生物訊息就可以弱化α波的反應。也回應了前面的實驗，載體並沒有功能，改變記載的生物訊息，功能就會不一樣，是生物訊息的特性決定功能。

經絡測量

經絡的檢測主要以1947年日本京都大學教授中古義雄博士，所發表的良導絡爲依據，檢測經絡表面皮膚的導電性變化，來判斷經絡的狀況。長久以來，很多中醫師會利用經絡儀的檢測來輔助辨證，算是中醫現代化過程中一個較符合中醫理論的一種儀器。

經絡的檢測結果會呈現12個經絡的左右強弱趨勢，藉由這樣的結果，可以判斷不同經絡是否存在過弱、過激，甚至病態的狀況，對照中醫的四診（望、聞、問、切）的資料，可以更精密對照到身體的實際狀況，再依據這些狀況，採用中醫四氣、五味、歸經的調理方式，調整這些經絡。

經絡測量一般是使用經絡儀，市面上品種很多，本書檢測使用的是AETOSCAN出品的經絡儀，這款經絡儀在檢測後會把數據上傳到雲端計算，結果再回傳回手機上，就可以得到詳細的檢測結果，有一些中醫院或診所都使用這台儀器。檢測兩次以上的結果，最後兩次的結果會同時出現在報告上，方便比對兩次的結果。

如下圖檢測報告所示，我們在第一次檢查後，發現被測者金、水、木相對比較弱，就讓他使用金的生物訊息晶片（帶有肺經、大腸經生物訊息），可以發現肺經、大腸經的偏差明顯縮小，其他原有的偏差改變並不大。可以證明生物訊息是有作用的，生物訊息的針對性是存在的，使用什麼生物訊息可以產生什麼效應是可對應的，也可以證明從中藥材來的歸經屬性生物訊息是精確穩定的。

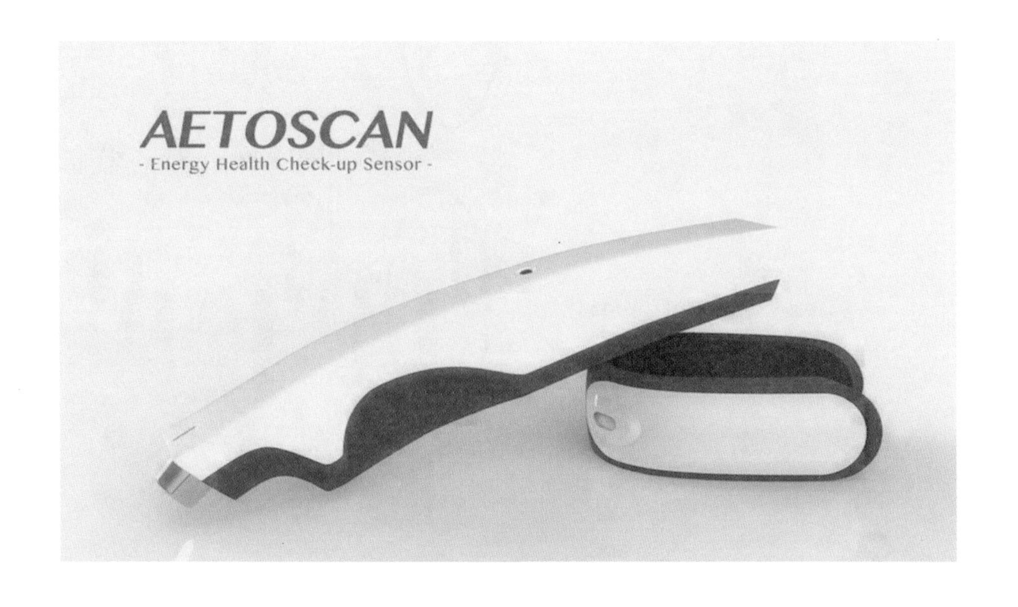

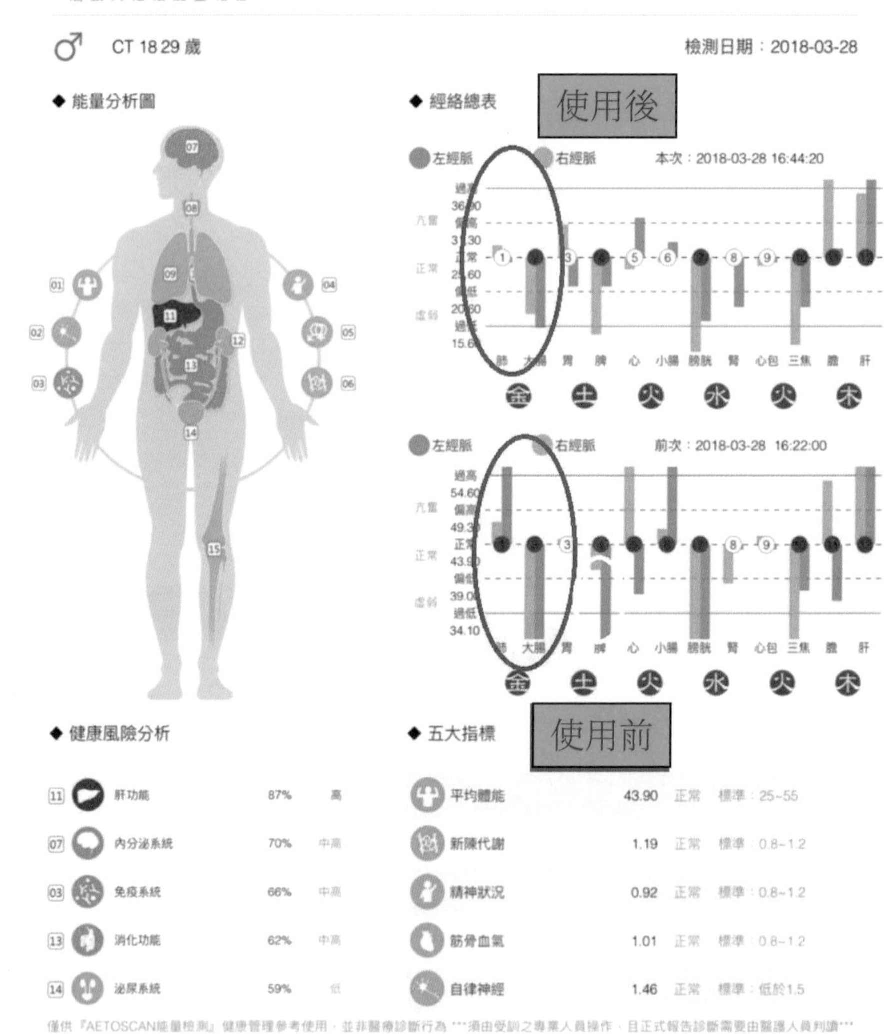
AETOSCAN
筋膜與經絡能量報告
CT 18 29 歲
檢測日期：2018-03-28
能量分析圖
經絡總表
使用後
左經脈
右經脈
本次：2018-03-28 16:44:20
過高
36.90
偏高
31.30
正常
25.60
偏低
20.30
過低
15.60
亢奮
正常
虛弱
肺 大腸 胃 脾 心 小腸 膀胱 腎 心包 三焦 膽 肝
金 土 火 水 火 木
左經脈
右經脈
前次：2018-03-28 16:22:00
過高
54.60
偏高
49.30
正常
43.90
偏低
39.00
過低
34.10
亢奮
正常
虛弱
肺 大腸 胃 脾 心 小腸 膀胱 腎 心包 三焦 膽 肝
金 土 火 水 火 木
健康風險分析
五大指標
使用前
肝功能 87% 高
內分泌系統 70% 中高
免疫系統 66% 中高
消化功能 62% 中高
泌尿系統 59% 低
平均體能 43.90 正常 標準：25~55
新陳代謝 1.19 正常 標準：0.8~1.2
精神狀況 0.92 正常 標準：0.8~1.2
筋骨血氣 1.01 正常 標準：0.8~1.2
自律神經 1.46 正常 標準：低於1.5
晁禾醫療
HABITZ MEDTECH
AETOSCAN
全球總代理

經絡儀檢測結果

自律神經測量

自律神經的檢測最常見的是測量心律變異性，所謂「心律變異（Heart Rate Variability）」簡稱HRV，是利用心跳速度的變化作爲指標，間接了解自律神經的活性狀態，心臟規律跳動是維持身體穩定血流的重要因素，通常人體的平均心率爲每分鐘跳動72次，然而心率在表面宏觀的靜態恆定下，還隱藏了一些微細的波動，這些波動不是心律不整，而是人體爲應付體內各種變化，如壓力、情緒、發炎、賀爾蒙、食物等，心跳間隔產生極微幅變動，此種微幅變動即爲心率變異。

簡而言之，心跳快慢的調節靠的是自律神經系統，而自律神經系統又分成交感與副交感神經，我們所測得正是兩者之間的調控平衡結果，自律神經無法以人的意志力來控制，也無法操控其變化，所以身體的系統受外來改變時，觀測自律神經的變化，是最客觀也是最準確的方式之一。

測量自律神經使用的是自律神經檢測儀，市面上品種很多，本書檢測使用的是來自陽明大學「郭博昭教授團隊」與生技公司合作開發的自律神經變異分析儀（HRV），可以得到陰陽與五力分析圖，如照片所示，陰陽代表副交感與交感神經，五力分別是

Heart（舒壓力，PRIV）：隨年齡增加降低，與個人疲勞度有關。

Health（保健力，SDNN）：年齡越大越低，個人身體的健康指標。

Sex（舒眠力，HF）：副交感神經的活性指數，與個人免疫狀況及發炎修護有關。

Fight（代謝力，LF%）：交感神經的活性指數，與個人體內燃燒代謝有關。

Vital（元氣力，LF）：自律神經的整體活性指數，與個人體內精氣神狀態有關。

五力均衡，數值在50-75之間，代表自律神經處於良好狀態，情緒穩定，活力充沛。

如照片所示，第一次檢測，明顯看到第一個圖，陽大於陰，五力中Fight 90、Heart 30、Health 38、Sex 41，形狀極不平衡，代表交感神經過旺、副交感神經太弱，在使用舒緩生物訊息晶片（帶有舒緩情緒、身心生物訊息）15分鐘之後再測第二次，所得到的結果在第二個圖，呈現陰略大於陽，五力Fight降到41、Sex升到64，整體五力呈現一個接近平衡的狀態，代表交感神經降低，副交感神經增高。可以證明舒緩的生物訊息確實可以改變自律神經的狀態，而且訊息的功能與改變的方向是正相關的。

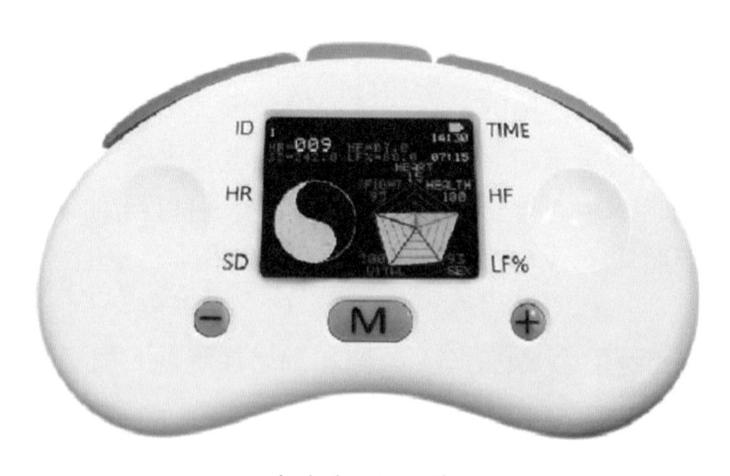

自律神經檢測儀

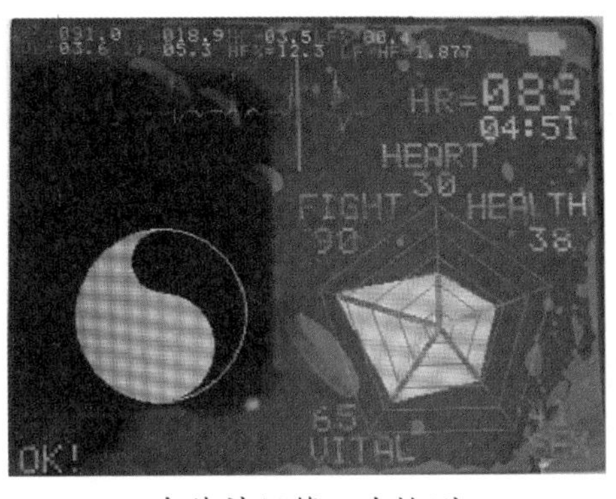

自律神經第一次檢測

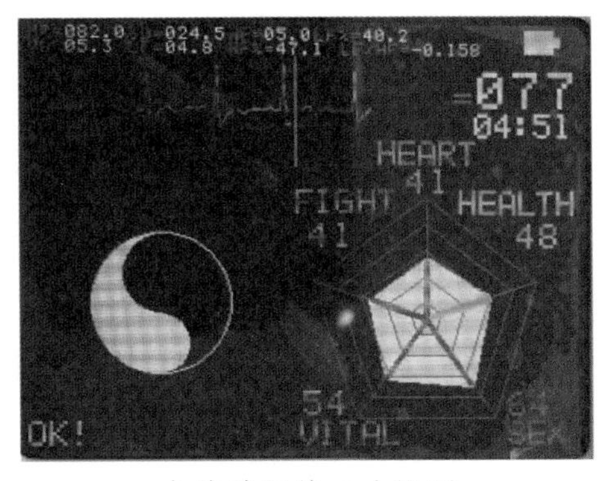

自律神經第二次檢測

本章著重在生物訊息與中醫理論的對應及測量實際作用的效應，一個科學的研究，除了理論要正確之外，需要有實際的驗證。在應用上，則是要把驗證的過程，走出實驗室，用一般臨床上使用的驗證方法來再次證明理論是可用的。在這20幾年來，我們團隊努力做了這些事情，如今透過這本書一次的揭露這些資訊，希望這是一個開始，讓往後在研究生物訊息的團隊有所依據，不會再流於似是而非的論證方式。

生物訊息這條路還很長，需要各個領域的人一齊來努力，才能慢慢的成熟。當然對於很多未知的現象，生物訊息不是唯一的解答，但是缺了這一塊很多現象解釋將會不完整，歷史的發展，本來就是不斷的拼圖，讓眞相可以更圓滿。

第六章
生物訊息發展的關鍵突破

第一節　突破訊息發展與應用的限制
第二節　生物訊息奈米微晶片的誕生
第三節　累積與優化生物訊息資料庫
第四節　生物訊息啟動回歸正常狀態

第一節
突破訊息發展與應用的限制

在建立生物訊息資料庫的過程是非常艱辛的，很多中藥材、食品的訊息是非常微弱的，產生的作用力非常弱，這會造成應用上的問題，不是說擷取出來就可以使用。世界上很多訊息實驗或是產品的應用沒法實現，常常都因爲生物訊息是有的，但是太弱了，突破不了作用強度的門檻，因此產生不了明顯效應出來。在我們研究的過程中，爲了因應這些問題，逐漸的開發了各種可以解決這些問題的技術出來。

利用量子自旋場（Spin field）理論，所開發出來純科學的生物訊息技術，特別說明爲什麼要強調純科學的技術，因爲生物訊息的效應常常會出現在宗教、特異功能的人士身上，也因此生物訊息常常被蒙上一層神祕的色彩，我們是以純科學的方式去發展的生物訊息技術，所以需要特別說明。

這些技術包含擷取、放大、儲存、複製、激發、隔絕等。

擷取技術

可以從不同物質：中藥材、食品、動植物、環境、礦石、場域等，擷取生物訊息，經過處理後，供後面配伍使用。

放大技術

可以針對取得的生物訊息，進行無失真的放大，因應不同需求。

儲存技術

一種全新開發的奈米微晶片，可以儲存生物訊息，容量、強度不受限。另外我們透過發酵的過程，也可以把生物訊息植入發酵物。突破之前只能放水裡或電子晶片，以及強度、保存時間與容量不足的限制。

複製技術

可以進行單一訊息複製、整合不同訊息，無失真的複製到目標晶片。

激發技術

透過設備所發射的載波可以激發晶片內的訊息，到空間不同的距離與物質不同的深度。

隔絕技術

透過特殊材料對訊息進行阻隔作用，可以控制訊息在儲存、運送過程中，不要與非使用者、環境進行作用。

因爲這些技術的具備，才能讓生物訊息的運用普及，而不是只能在實驗室的研究而已。在所有的訊息完成蒐集之後，實際的運用變得更爲重要。

第二節
生物訊息奈米微晶片的誕生

生物訊息晶片的突破是生物訊息技術發展過程中一個非常重要的里程碑，以往研究生物訊息的人，沒有辦法把訊息有效儲存下來，只能靠生物訊息設備即時產生類生物訊息的波出來，沒有辦法做多種生物訊息的配伍，或是生物訊息的處理。

但是在生物訊息晶片開發出來之後，這些問題都迎刃而解，除了可以把擷取到的生物訊息分門別類的儲存在晶片中，並可以隨時針對生物訊息作強度的調整與複製，讓生物訊息的資料庫可以越來越完整。利用生物訊息晶片結合到不同穿戴的產品上，更可以實現讓生物訊息到處攜帶使用的情境。

由於這個材料具有記憶及發射生物訊息的功能，而且材料可以做到100奈米以下的顆粒，所以我們稱之爲「生物訊息奈米微晶片」。生物訊息奈米微晶片與傳統的晶片不同，**它是用來記載生物訊息的自旋場，因此，與傳統的晶片工作原理完全不同。**

記載於奈米微晶片的生物訊息的種類及強度，可以用量子共振設備判別與測量，也就是可以定性，又可以定量。生物訊息奈米微晶片，針對運用的不同，分成無機物跟有機物兩種，無機物來自於特殊材料合成，可以用來植入各種生活用品的加工使用，有機物來自食品發酵過程的微生物轉融作用，發酵物可以用來當作食品添加使用。

無機物的生物訊息奈米微晶片，可以加入不同的材料加工成不同材質，例如：加入塑膠可以做成一片塑膠片、加入陶土可以製成陶瓷、或加入印花的膠體供作印花的材料……，具有多元的樣貌及用途，可以做成不同的工業產品及生活用品，例如：電子穿戴、紡織品、護具、水杯及杯墊……等。

有機物的生物訊息奈米微晶片，可以摻入食品及保健品中，植入不同的生物訊息之後，可以加強特定的功能。生物訊息奈米微晶片技術的發展，使得生物訊息得以走出實驗室，普及應用於各行各業一般民生領域，所以是生物訊息技術一個非常重要的里程碑及轉折點。

第三節
累積與優化生物訊息資料庫

生物訊息的資料庫代表著每一個獨立的生物訊息功能，有了標準的生物訊息資料庫，才能應用在訊息的比對、訊息的配伍上，前面提過，訊息的檢測是使用量子共振設備，檢測的方式是採用已知的訊息去對未知的訊息進行比對，因此越多、越精準的生物訊息資料庫，就可以在檢測上得到更精準的結果。

在應用上，訊息的不同配伍可以得到更多的功能訊息，或是調整身體的配方，在身體問題的處理上，越完整的生物訊息資料庫，越能夠組合出適合身體使用的訊息配方。訊息醫學的特性就是使用什麼功能的訊息，就可以達到什麼功能，反過來說，找到什麼功能的訊息，就可以達到什麼功能。

截至目前為止，我們發展的生物訊息技術總共擷取並儲存了3萬多種生物訊息，數量還不斷的增加當中。之所以能有這樣的累積，無非就是數十年來如同掃地僧一樣，不眠不休的努力。我們團隊之中，有西醫、中醫、電機、物理、化工等不同的背景人士，因為機緣才能聚在一起。這是目前全世界數量較多、涵蓋面也較完整的生物訊息資料庫。這個資料庫，還不斷在累積與優化，這應該是人類非常重要的資產。

我們之前提過，生物訊息的擷取方法，大致上就是如同歐洲順勢療法一樣，對天然材料或植物反覆震盪稀釋取得，之後再加以複製、放大、及儲存於生物訊息晶片當中。我們應該去過中藥房，都有一堵木頭藥櫃，裡面儲存了一格一格各味不同的中藥材。中藥房老闆會依據藥方，從身後的木頭藥櫃抓取藥材交給病人，讓患者可以依據中醫師的囑咐煎煮服用。我們也設置了一個特殊的儲存場所，存放了各種的生物訊息晶片。這些生物訊息也可以依據中醫藥的原理，並遵從中醫師的需求及指示，來加以組合與運用。

使用生物訊息來調理身體機能，其實一點也不新奇。數千年前的《黃帝內經》，可以說是最早的訊息醫學，教導如何調理人體的經絡之氣，達成自癒、健康長壽、天人合一。到了《傷寒論》，在經絡的基礎上，再引進了藥方的觀念與手法，藉藥物來加速病體的痊癒。後來，《本草綱目》則是全面性的研究各種藥物可以適用於哪些疾病。

第四節
生物訊息啟動回歸正常狀態

全息理論的基本概念建立在宇宙萬事萬物皆有訊息場，所有的訊息會疊加在一起成爲宇宙的訊息場。因此宇宙的全息場包含了宇宙萬事萬物的訊息場，每個訊息場都會互相影響，形成一個全新的訊息場。人體有不同的器官、系統組成，每個器官、系統都有其個別的訊息場，因此人體也是一個包含人體不同器官、系統訊息場的全息場。

在實際運用上，只要取得人體的一部分，像是一撮頭髮就可以從頭髮裡面的訊息場得知全身的訊息場，這個是符合全息理論的。量子自旋場遵循量子疊加態原理（superposition principle），訊息來自於量子自旋場的效應，也一樣遵循疊加態原理，由小到大的每個系統，其組成的成分的所有生物訊息場，都會形成一個共同的疊加態（superposition state）。我們可以從任何一顆粒子，看到整個系統的訊息，也可以從一個系統看到每一個組成粒子的訊息，這一部分在身體的檢測運用上已經非常成熟。

至於整個宇宙是萬事萬物組成，同樣也符合這個原理，物理學家說宇宙是一個全息體，確實是可以理解的，只不過目前要從一個粒子去觀察整個宇宙的訊息，在運用上似乎並不像從一個粒子去觀察一個人的身體這麼容易。一則是宇宙的訊息過於繁雜，我們難以解析衆多的訊息，一則是訊息過於微弱，目前的儀器偵測極限有限，未能偵測到這些潛藏的訊息。我們常常聽說有些修練有成的人，可以感受宇宙萬事萬物的狀況，也許經過修練的人，身體的敏感度可以達到更細微的訊息偵測，所以就可以藉由周邊粒子的訊息場感受到整個宇宙的訊息場，這一部分也是我們後續會深入研究的方向。人的意識與感受力，也許是研究生物訊息的另一塊重要的拼圖。

生物訊息技術的發展目的，希望透過和諧訊息場的建立，調整人體的訊息場達到和諧的狀態，擁有健康的身體。所有人類的和諧訊息場，可以造就宇宙全息場的和諧，宇宙全息場的和諧也可以保持所有宇宙萬事萬物的和諧。

第七章
爲健康產業開創一個新紀元

第一節　看見生物訊息無法作用的原因
第二節　專注生物訊息合作發展與應用
第三節　成爲永續健康生活的重要支柱

第一節
看見生物訊息無法作用的原因

剛接觸生物訊息的人，會只看到只要有訊息就會對身體產生功能，所以很多人會抱持著過度期待的心理，認爲生物訊息可以解決所有的問題，其實物質世界有物質世界的限制，訊息世界也有訊息世界運作的規則與範圍，有些限制一樣，有些限制不一樣。

訊息跟物質、能量有不同的性質跟領域，各有各的功能，適用在不同的狀況，了解生物訊息的存在與特性，並不是要用來取代其他物質跟能量，而是要找出物質與能量之外的一塊領域，取得更完整的拼圖。既然訊息、能量、物質各有各的特性與效果，彼此也不能互相取代，最簡單的作法，當然是物質的問題用物質處理，能量的問題能量處理，訊息的問題訊息處理，如果我們一直不知道訊息的存在，那訊息的問題就會沒有好的方法的處理。我們做的研究，就是希望能補足訊息這一塊領域。

所以訊息在運用上，還是需要搭配物質與能量使用，因爲若所發生的問題是來自於物質跟能量的因素，使用生物訊息就無法產生預期的效果，必須要找到原因，補足物質或是能量的缺損才能解決問題。生物訊息不是萬能，主要解決因爲訊息失序造成的問題，因此物質世界對症下藥的概念，在訊息的世界也是一樣，如何了解需要什麼訊息，使用正確的訊息，才能解決問題。

生物訊息有其運作的範圍與規則，導致生物訊息無法運作的因素，需要從訊息的特性來說明，生物訊息是一個訊息場，因此訊息能不能順利進入生物體到達作用的部位，這個是很重要的關鍵，生物訊息除了對不對之外，在與生物體作用的過程中，並不是每個個體都能百分之百的接收訊息，如果接收轉換好，訊息作用就會很直接，反應也很快，如果訊息接收轉換不好，生物體接收到的訊息有限，甚至接收不到，那訊息再好都沒有用。

這也是過去很多生物訊息療法，一直備受質疑的原因之一，有效性及再現性一直都不清不楚，意想不到有效的個案也有，完全沒作用的也有。但若是要站在科學的角度來看，沒有辦法找出其中的理論根據或是現象假設，就不能採用科學的論述來說服大衆，只能少數人使用而已。醫學發達的今日，再怎麼厲害的藥或是治療方法，也都只能60%-70%的有效度，這是一種常態，生物訊息的研究更應該放下高有效度的迷失，眞正面對每個個體都是不一樣的現實，先找出原因再針對原因去處理，不應該假裝無所不能，反而造成負面的印象。

前面我們提到，生物訊息可以說是玄學與科學的漸層帶，想像科學與玄學中間如果是隔著一條河，站在科學的這一邊隔著河往玄學那一邊看，從近到遠，越近會越清楚，越遠越模糊，科學的方法就是從最近的先研究起，可以看的清楚、分析的清楚的先做論證，會不斷的往對岸推進，遠的那邊因爲看不清楚，無法詳細分析，但是現象是存在的，我們也不能否決這些現象的存在。相反的，宗教與身心靈團體，是站在玄學那一個岸上往這邊看，所看到的遠近清晰剛好與科學不同。

在生物訊息的研究上，確實會發生一些可能介於河流中間地帶的一些現象，科學與玄學因爲站在不同的兩岸，看法會不同，產生一些各說各話的現象，我們團隊一直堅守科學的論述與驗證，以科學的這一邊看到跟論證的爲主，當然也完全尊重其他團體在其他面向的解釋。

造成生物訊息無法產生效果的原因有很多種，除了技術不同之外，我們在這一節舉出三個特別讓人困擾的因素加以說明：訊息干擾與屏障、訊息強度與配伍、純物質與能量的問題。

訊息干擾與屏障

大部分的人都有訊息干擾與屏障，什麼是訊息的干擾與屏障？身體本身是一個生物訊息的接受器，有很多的外來訊息，體內也有很多原本身體的訊息，如果有一些不正常的訊息出現，就會干擾原來的訊息系統，讓身體無法正常收發訊息，更嚴重的是某部分的接收功能故障，造成一些屏障，讓訊息進不來。

例如人體因爲有毒的食物、藥物導致肝中毒、腎中毒，身體的系統忙於修護這些功能，而無暇去接受外來的訊息；也可能因爲節氣變換，身體的系統要面臨這些外在環境的波動，需要調動全身能量來應付這些變化，而沒有能力去處理新來的訊息。也可能因爲體內濕氣太重，經絡阻塞或是凝滯，導致訊息發揮不了作用，這些我們稱爲訊息屏障。訊息屏障又可以分成疾病屏障與意識屏障。

1. 疾病的屏障

肇因於不同的疾病跟體質，會產生不同的訊息屏障，屏障的高低可能決定於病情的輕重緩急或是不同種類的疾病，越嚴重的病症、越久的病症，通常屏障會越高，就跟物質世界一樣，越嚴重的病症，吃藥的劑量會越高，在訊息世界一樣有這樣的特性，不同體質也同樣會產生不同的屏障，因此若訊息的強度不足，就算訊息正確，會無法突破屏障，也就不會產生效果，這也之所以需要能對訊息定性定量，才能確保訊息有足夠的強度突破屏障，進入人體，而不是有訊息就好。

2. 意識的屏障

源於某些意識會產生訊息的現象，若是產生的訊息會跟使用的生物訊息相沖或是屏蔽，就會形成意識的訊息屏障，因此越正向的意識會對訊息產生加強的效果，反之負向的意識則會產生抑制的效果，相信一個藥物可以治療好自己的身體，往往可以得到更好的效果，不相信一個藥物可以治療好自己的身體，可能效果就會打折。這一部分的屏障會跟訊息的強度有關，如果意識的屏障高，使用的訊息可以更強，就能突破屏障，若是使用的訊息不夠強，就無法突破屏障，不會產生效果。

「訊息干擾」則與「訊息屏障」不同，訊息干擾也可能會造成生物訊息的失效。會干擾訊息的因素有很多，我們遇過的訊息干擾，大致可以歸類成三種。

第一種生物訊息的干擾，我們稱之爲「一般干擾」。指的人體遭遇其他一般性外來的不良訊息場的干擾。因爲這些干擾會對身體造成不同程度的擾動，讓身體處於一個不平衡的狀態，就像我們聽廣播時被其他的雜訊蓋台一樣，會讓聲音變的有沙沙的雜音，甚至聽不清楚，受到干擾的身體忙於處理自身平衡的問題，無暇顧及其他外來的生物訊息，所以會造成生物訊息的失效，絕大多數的這類干擾，經過我們研究是可以使用一些特定的生物訊息來消除，

第二種生物訊息的干擾，我們稱之爲「特殊干擾」；
第三種生物訊息的干擾，我們稱之爲「嚴重干擾」。

在協助處理某些極爲特殊的個案時，我們發現有些個案體內藏有極爲特殊的、排斥性、攻擊性的訊息會排斥使用的生物訊息。而這類個案，經常是質能醫學窮其手段也找不出病因、醫生

也束手無策的患者。或是情況反覆、時好時壞，不明原因的一些個案。與我們合作的大陸某中醫院（病床達1萬床以上）的氣功大師，經常發功爲病人治療，他也對我們團隊提到，某些病人體內仿佛有一層盔甲，氣功無法進入。

面對「特殊干擾」及「嚴重干擾」，我們團隊幾經愼重思考之後，決定不往這方面推進，只能建議採取其他的途徑嘗試解決。畢竟，我們只是人，人就做人可以做、應該做的事就好，我們發展生物訊息的原則就是科學走到哪裡，我們就做到哪裡。這也是爲何我們把生物訊息的有效度只設定在70-80%之間的原因。

訊息強度與配伍

在生物訊息的使用上，我們發現在使用正確生物訊息的情況下，導致失效的最大原因通常都是在強度與配伍，尤其在強度上，是首要的原因，前面也提過不同的病症跟體質會產生不同程度的訊息屏障，若是生物訊息強度不足，連普通沒有屏障的人，也可能無法進入人體，更何況那些屏障特別嚴重的人，通常就是無感。

長期以來，自然醫學、順勢療法、氣功療法等等訊息醫學，會只有少數人有感的最大原因，大概都來自於訊息強度的限制。若是能有一個技術對於生物訊息的強度跟內容，可以做定性、定量的分析，對這個產業的發展將會有突破性的進步。

生物訊息的配伍是在訊息確認內容與強度之後會遇到的問題，很多使用訊息的人會習慣性的把所能掌握的訊息都加在一起使用，我們最常碰到的質問會說：你們有那麼多的生物訊息，爲什麼不要把他都放在一起，不是就可以全部的問題都一起處理嗎？這樣的作法反而也是造成生物訊息失效的一個原因。因爲人的能量有限，一次使用太多的生物訊息，就像一個指揮官對軍隊一次下達了幾十種的命令，身體一次要處理這麼多指令，只會更亂而已，並不能解決問題。

所以配伍的重要性非常大，前面我們有提到生物訊息來源於中草藥的四氣、五味、歸經屬性，不同的訊息屬性不同，也會產生相生相剋的作用，適當的配伍才能讓訊息的效果最大，讓人體適當的調整。不適當的配伍，反而讓身體產生排斥、抵抗、混亂的反應，適得其反。

純物質與能量的問題

生物訊息是以較強的訊息場，透過共振，啟動人體的機能，喚醒人體的自癒能力，適合解決訊息失序所造成的問題。但是，對於物質層及能量層的問題，則是無法有效處理。

物質層的問題，例如：車禍受傷，必須緊急清創、止血、甚至輸血、使用外科手術。腎臟器官嚴重受損永久失效，導致功能不可回復，只能洗腎。

能量層的問題，例如：部分偏食的人、消化不好的人、長年素食者，或者愛美人士過分節食，導致營養不良或營養不均衡、體力不佳，必須補充均衡的營養。身體所需要的營養及熱量，不是生物訊息可以替代的。

去除屏障與跟干擾的問題之外，不同的問題需要使用不同的方式來解決，需要使用訊息時，跟其他醫療保健產品一樣，也需要專業的人員協助使用，而不是道聽塗說，使用不當不能解決問題，反而造成新的問題。

使用生物訊息晶片時不會影響旁邊的人

既然生物訊息晶片可以記憶及發射生物訊息，那麼，假使某人使用生物訊息晶片的同時，會不會影響旁人？

答案是：不會。電磁波是屬於能量，所以，如果我們身處電磁波所涵蓋的範圍，都會受其影響。但是生物訊息是自旋場，是以一個較強且正確的「場」，來影響並調整一個原本已經失序的「場」。生物的狀況跟自旋場息息相關，身體出問題會改變自旋場，自旋場改變也會影響身體狀況，跟生物相關的自旋場，又稱爲生物訊息場，所以如果**我們可以偵測到生物訊息場，那就可以了解身體的狀況**，如果**我們可以改變生物訊息場，那就可以調整身體的狀況**。這就是訊息醫學的基本概念。生物訊息的目標是讓人回歸正常，所以對於原本就正常的人而言，生物訊息就不會產生作用。

生物訊息作用於人體時，其有感度，也端視人體當下的狀態與目標值相差多大，也就是人體距離正常狀態的偏差值有多大，偏差值越大，越有感；反之，偏差值越小，越無感。

生物訊息如何適用不同體質的人

每個人的體質都不一樣，生物訊息如何適用每個人？

確實，在物質及能量的世界裡，會有「劑量」的問題。所以，我們要遵從醫師的指示。例如：高血壓或糖尿病的藥，有人每天必須吃二顆，有人只需每天半顆卽可，吃少了就達不到效果，吃多了又恐出現反效果。

生物訊息是一串指令，啟動您身體的機能，喚醒您身體的自癒能力，讓您自己把自己的身體恢復正常，是讓您的身體經絡運行及機能恢復正常，並非生物訊息直接來改變身體的狀態。

生物訊息調整經絡的「力道」及「方向」如何拿捏呢？確實，每個人的體質都不同，男女也不一樣、南方人及北方人也不一樣……。就算同一個人，每天各個時辰狀態也不一樣，白天晚上也不一樣，因此，中醫講究「三因制宜」，也就是「因人、因時、因地」來調整診治方略及用藥。有很多人懷疑每個人的體質都不同，生物訊息如何適應每一個人呢？其實，每一個人雖然都不相同，但其基本的生理生化功能都是相同的，人體大概約有80%的基本功能是每個人都一樣的，我們稱作管家功能，另外20%的功能，就有個體的差異，生物訊息技術針對80%的功能所設計的生物訊息，是每個人都相同的，因此，這一類的生物訊息可以適用每一個人，另外，生物訊息也依個人體質的不同，而設計出個人化生物訊息，這就是針對其他20%的個體化差異而設計的。

生物訊息必須相信才有效嗎？

當事人相信與否及相關意識、情志，確實會影響其訊息屏障的高低，但是不管是生物訊息或者任何能量產品，都應該做到足夠強度，使得無論當事人是否相信都有效才對。

為何西藥能成為現在醫學的主流？因為西醫與西藥在科學論述與臨床驗證上，從來不談病人相不相信的問題。例如：不管病人相不相信，吃了抗生素都能對抗身上的病菌。就算西藥不能治好所有的病症，起碼西藥業者不會去談到相不相信的問題，那為何很多所謂自然醫學或能量醫學的業者會有這樣的想法或說法呢？關鍵在於解決方案的強度，是否強到足以突破使用人身上的意識屏障。

我們前面曾經探討過人的訊息屏障，人可能因為疾病、使用藥物、生活飲食習慣、體質濕氣重或陰虛、情志的原因、節氣的變化……等產生了高低不一的訊息屏障，而使得藥物或能量產品的效果無法進入體內。

極度亢奮、焦慮、恐懼的人，無論甚麼手段也無法令其正常入睡，這是因為人的情志意識引發了很高的訊息屏障，高到大部分的手段都突破不了。人的信仰也是一樣，人相信與否，確實可以引發訊息屏障。就我們的理解，假設人因為相信與否而產生的信息屏障有20，而西藥的強度有100，則無論病人相信與否，西藥都會有效。但是，如果訊息或者能量的產品強度只有10或更低，當然就沒有效果。

所以，不管是生物訊息或者任何能量產品，都應該做到足夠強度，使得無論當事人是否相信都有效才對。

使用生物訊息也會有好轉反應

相信很多人都會有這個疑問，使用生物訊息時會有好轉反應嗎？前面提到的一些運用跟身體保健有很大的關連性，實際上使用生物訊息確實會跟保健產品一樣有好轉反應，我們以睡眠訊息的作用為例，來說明這一問題。在睡眠調整使用上，我們發現，生物訊息會讓身體的微磁場產生平衡，在作用上，如果是簡單的作息問題所引起，往往很快有感；但是如果身體本來有其他的症狀，就會形成擾動促使身體形成新的平衡，就跟疏通水溝一樣，清除汙泥的過程會揚起沉澱的泥沙，在沖乾淨之前水會變得更汙濁，這就是所謂的好轉反應。

有些人會覺得精神亢奮，不好入睡；

有些人會一直做夢；有些人會心浮氣燥；

有些人會睡著不想起床。這些都是常見的好轉反應。

一般而言，好轉反應都會在一到兩個星期左右改善。但是長期慢性病患、重症病患、氣血不足的人，好轉反應會比較激烈、時間也可能長達1-2個月。

第二節
專注生物訊息合作發展與應用

生物訊息技術的發展到目前也才數十年的研究，雖然我們發現未來的發展大有可爲，可以協助人類解決目前一些無法理解的問題，但是必竟發展的時間還太短，會希望大家可以用鼓勵的方式，一起來探索研究這領域的可能性，勿用發展幾百年、量體富可敵國的質能醫學成就與經驗來挑戰它，但也不要過度偏執的認爲生物訊息是一切的解答，而寄望生物訊息的出現可以像萬靈丹一樣，讓人長生不老。

既然特性不同，如何面對訊息的特性來發展，解決人類未解之題，如何善用訊息獨特的性質，解決人類未解之密，本節會來說明一些生物訊息的發展與不同行業合作的應用。從生物訊息的特性與載體、載波的整合，針對生物體的調整，可以運用的範圍就會非常的廣泛，包含環境的調整、身心的調整、農漁牧業養殖、寵物等等，都已經有很多的實際運用案例，我們在底下分別分段來介紹說明：

生物訊息與睡眠

睡眠是人類最自然的需求之一，晚上睡得好，早上起床會洋溢著滿足感、愉悅感與幸福感。人生有三分之一的時間處於睡眠。然而，不少現代人想有好的睡眠而不可得。睡眠品質不好，原因很多，大概可以歸納以下幾點：

- 環境的原因：例如噪音、光線、溫度……造成。
- 疾病的原因：例如心臟病、高血壓、潰瘍、過敏……造成。

- 藥物的原因：例如一些慢性病的藥物，會造成自律神經失調。
- 生理時鐘混亂：例如輪班工作者，日夜顚倒。
- 氣血循環差：健康不佳或缺乏運動，白天精神差、晚上睡不著。
- 心理因素：緊張、焦慮、壓力等。

我們長期關注睡眠問題，因爲造成睡眠的原因很多，無法使用單一種方法來改善問題，而生物訊息技術可以針對不同的原因，提供不同的平衡訊息，針對因爲身體及心理造成睡眠品質不好的原因，我們開發可以處理各種睡眠類型的生物訊息，使用在適合的人身上，幫助達成人體陰陽及五行的平衡。針對陰陽五行的平衡，讓身體如同處在原始森林一樣的場域，降低平常環境中不好的訊息干擾，達到一個舒適平衡的狀態，可以較容易入睡，睡眠時間延長。

使用睡眠生物訊息在使用前及使用後，可以用腦波儀來偵測當事人的腦波，當事人的腦波會發生明顯的改變，代表生物訊息確實對人體有直接的影響，相當比例的人入睡時間會縮短、睡眠時間會變長、睡眠深度會變好。

由於生物訊息不是電磁波，不須服藥、沒有肝腎負擔、沒有侵入性，所以可以說沒有任何副作用；甚至可以與紡織品結合，做成睡眠枕套，使用上更方便沒有違和感。

生物訊息與益生菌

我們前面提過，生物訊息是啟動身體經絡，調整人體機能的指令。那麼，生物訊息是否會影響益生菌及其他動植物呢？我們的研究及實際經驗得到的答案都是肯定的。以下我們會以生物訊息對益生菌的實際作用來說明。

所謂的益生菌是指在人體腸道中與人共生，對人體有諸多好處的細菌。有人認爲：腸道是人體的第二個大腦。更有人說：腸道好，人不老。甚至，國外有些研究指出：腸道的菌相好壞與老年癡呆症有關。比較新的觀念，開始著重在菌叢與菌相的平衡，也就是多元益生菌的觀念，與過去長期補充單一種益生菌的觀念不同，因爲人體腸道是一個微生態系，多元性的菌種才是平衡健康的環境。

優格是常見的益生菌食品，若優格能有更豐富的菌種、更多的總菌數、更好的風味，相信是市場的追求，也必然會受到消費者的追捧。但是，市面上優格的菌種最常見的大約4-5種，最多不過7-8種，而且風味很多要靠添加其他調味材料。菌種無法多元的原因，是因爲不同的菌種會互相競爭無法共生。

在我們研究的過程中，發現某些生物訊息的組合可以產生共生的效果，我們已經實際運用於益生菌的生物訊息技術，因爲運用生物訊息的共生技術，所以，菌種可以高達10幾種以上，每杯發酵後的總菌數高達萬億以上，而且無須任何添加調味，就可以展現出令人驚豔的天然香氣風味及層次感，遠遠超乎一般發酵的優格。

爲什麼能有這樣的表現呢？生物訊息對人體會有所作用，對其他的生物也是有同樣的作用，尤其益生菌是屬於微生物，我們發現微生物對於生物訊息的敏感度比人體還要明顯。因此如果可以好好的發展，生物訊息在微生物的開發上，應該可以進入一個全新的領域。

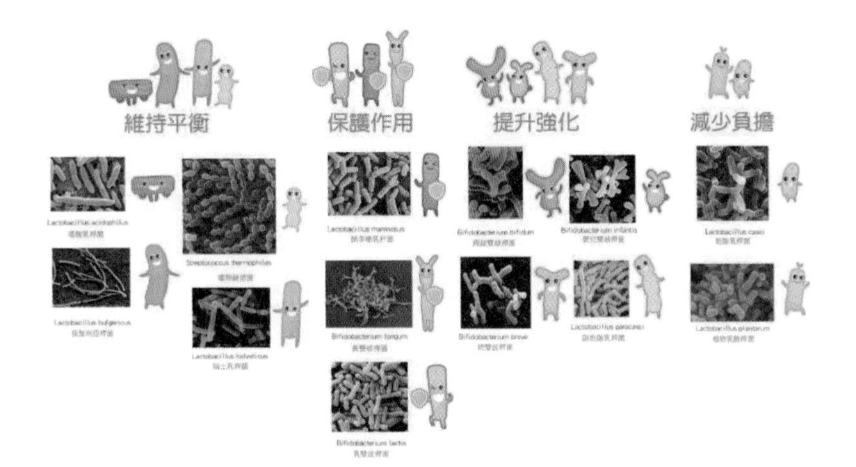

生物訊息當中的生物二字，並不限於人類，而是針對所有生物體。

生物訊息與保健食品

我們知道中藥材含有四氣、五味、歸經的生物訊息，很多保健品也都利用藥食同源的中藥材來調配其功能，我們可以運用生物訊息的技術把這些來自於中藥材與保健食品原料的生物訊息，經過處理放大及適當的配伍之後，再透過發酵的過程把生物訊息植入這些原料當中，就可以把保健食品的生物訊息做適當的調整，達到我們需求的功能。我們一般採用的方法是透過適當的配伍，達到陰陽中庸平衡的屬性。

保健食品，本來就有含必要的物質及營養成分，若能加上必要的生物訊息，幫助調整，達成中庸平衡，就可以擺脫物質成分的限制，增加不同的功能，除了可以提升功能之外，也可以讓保健食品更加適合日常及長期食用。坊間一般的保健食品，經常標榜某個珍貴或者精純的成分，精純的物質成分經常具有較高的偏性，而保健食品就是要日常食用，這樣一來，長期食用偏性的食品，造成身體的偏性，豈不是與保健的初衷背道而馳？

譬如寒性的東西一般都具有消炎解熱的作用，一些保健食品爲了效果更明顯，就用了非常寒的東西，短期使用對於身體比較屬於熱性體質的人，感受性就會非常的強，但是長期使用後，身體反而會被拉到寒性的體質，產生另外的問題，更何況如果原來就是中性或寒性體質的人，使用這個極寒性的保健產品，那不是未曾得利反受其害嗎？

治病是以偏治偏，也就是以高偏性的藥物來快速矯治已經有偏性的身體。所以，藥物才會有療程，病好了之後，就應該停止用藥，否則會傷害身體，而日常的飲食應該講究均衡，均衡的飲食，自然而然就是中庸平衡，而保健食品既然也是日常食用，則應該秉持平衡中庸的原則，跟藥的原理不同，否則難免會造成初始有效，長期反受其害。

我們都知道，生病了應該找醫師，唯有醫生才有專業及法定資格可以醫治病人，但是如果是介於健康及生病之間的亞健康狀態，或者病後的調養，生物訊息就可以發揮專長，幫忙調理，達成陰陽及五行的平衡，重回健康狀態。我們也可以說，如果我們能夠常保健康的狀態，常保陰陽五行的平衡。稍有偏差就及時調整回來，就不至於越來偏差越遠，終至有朝一日落入病魔的掌控了。

生物訊息與氣功

很多人對於氣功是否存在，抱持著懷疑的態度。我們生物訊息團隊，原本對於氣功也不甚了解，直到下述的2個個案，我們才得以一窺堂奧：

第一個個案是大陸某中醫院的一位陽掌氣功大師，我們與之交流後，雙方決定合作以生物訊息技術來研究及驗證氣功。過程總共耗時三年，錄影蒐集這位氣功老師臨床治療時候的各種手法，透過生物訊息技術，將其功法裡面包含的生物訊息擷取出來，之後再予分析、純化、拆解及重新組合，發現氣功師父在發功時會產生特定的生物訊息，對不同的病人發出的生物訊息不同，而且有針對性。

我們把擷取的生物訊息灌錄在我們的生物訊息奈米微晶片的矽膠手環中，當我們把這些氣功手環交給這位氣功師測試感應時，他也確定這就是他發出去的功法。原本，這位氣功師對於自己爲病人拍打治療時，所發出的詳細內容也不甚清楚，徒弟的資質、練功過程也都有差異，所以，傳承上出現很大的問題，但是，當徒弟們帶上師父的氣功手環之後，竟發現發功時的功法就可以跟師父一樣。當然，功力仍不如師父，必須再經年累月的苦練才能持續精進，但是可以提升很多的時間與關卡。後來我們也協助這家中醫院利用生物訊息技術建立氣功分級檢定的標準程序，這是他們多年來的想要做而做不到的。

第二個例子，是台灣的某大學教授的調整功法，將其多年來幫人推拿的功法，使用生物訊息技術分析，並將其功法產生的生物訊息使用生物訊息晶片蒐集起來，希望能因此協助這位教授更有效率、更大範圍的幫助更大的人群。

這一個部分的研究，也讓我們了解氣功運用在調整身體的機制，並驗證有一部分的氣功在對人體發功的過程，確實產生相對應的生物訊息

生物訊息與禪修練氣

台灣是宗教及信仰自由的地方，經常有各門各派舉辦各式靜坐、禪修、瑜珈、氣功等身心靈的課程。各行各業的人不論是爲

了追求心靈的成長或者身體的健康，參加的人越來越多。我們生物訊息團隊當中，也有人有相關的經驗，茲將經驗分享如下：

一般禪修比較不談氣，追求的是明心見性；練氣的人比較不談明心見性，追求的是大小周天的循環。可是禪修的人常常因爲身體的障礙、氣脈不順造成頭腦昏脹，進入不了狀態，而遲遲不能進步，導致半途而廢者很多。練氣者只在乎氣的強弱，忽略靈性的平衡，常常造成外氣過剩，心不足以御氣，不知不覺者多。

爲此，我們經過一番努力，把這方面的生物訊息分成兩組，一組是身體的陰陽五行、十二經脈、奇經八脈的訊息，來協助調整身體的氣與經絡；另一組則是身心靈的七脈輪、環境的五行八卦、靜坐的訊息，協助靈性排除干擾、強化平衡。

具體的使用方法，我們製作了兩個晶片，一個是調整陰陽五行、十二經絡、奇經八脈、七脈輪，平時可用，調整身體平衡；另一個是靜坐的功能，靜坐或是需要平靜時使用，讓身心靈處於和諧的狀態。依據一些相關人士的實際使用經驗，生物訊息確實能協助身體氣脈的流暢、靈性及脈輪的平衡，也可以協助一些在途的人士，突破一些障礙，進入境界，節省很多時間。

我們認爲，生命既爲身心靈所構成，則追求成長的過程與境界自然也應該注重身心靈的平衡，若此，自然應該同時採取身心靈的多元方法與工具。台灣是個寶地，宗教自由、信仰自由、各種宗教蓬勃發展，彼此兼容互通，絕對有成爲全世界禪修中心的條件。而從相關人士使用生物訊息的經驗來看，這些人士當中絕大多數都有觀照及感應的能力，所以生物訊息晶片的內容、強度、及是否有所助益，根本無需我們多言。這也是我們推廣生物訊息過程中非常開心及得心應手的領域。

生物訊息與風水

華人之中，注重風水者不少，篤信風水的人，認爲風水足以影響人的運勢及健康，對於這一觀點，我們原本也沒有深入研究驗證。直到有一天，一位風水業界的知名人士聯繫上我們，當這位人士委託我們研發陰陽五行、八卦的訊息時，一開始我們還頗爲訝異。後來，我們深談之後了解到，風水業界的人士幾乎都對於環境有觀照及感應的能力。再者，他們擅長使用一些工具，例如水晶、石頭等器物來佈陣及改善環境；但是，佈陣的器物經常不穩定或者來源可遇不可求，因此衍生了找尋功能及來源穩定的替代器物的想法。

經過我們與之深談並深入研究後發現，原來宇宙之中，很多道理都是相通的，只不過各領域人士之間理解與說法不同而已。八卦依體用之不同，有先天八卦與後天八卦之分。

先天八卦爲後天八卦的基礎，後天八卦則爲先天八卦的作用，有體與用的關係，五行生剋、方位的制定、曆象、地理風水的應用，皆本於後天八卦。先天八卦概念還是陰陽爲主。後天八卦才有五行的概念，才對應到人體的經絡。

目前，五行的生物訊息分爲：「金陰、金陽、木陰、木陽、水陰、水陽、火陰、火陽、土陰、土陽」共10種；而八卦訊息，則分爲「乾、坤、坎、離、震、巽、艮、兌」等8種，總計18種訊息，已成爲風水老師的得力工具。

後來，我們再深入比對，以上之先天八卦、後天八卦與人體五行、十二經絡息息相關；環境的陰陽五行進入人體之後變成身體的陰陽五行，陰陽五行對應到十二經絡，所以環境的訊息與人體息息相關。在歷經推廣生物訊息的過程中無數的案例，我們終於明白爲何環境與風水會影響人的運勢、甚至健康。也才領悟，爲何古人會有「天人合一」之說。生物訊息在風水的應用是一個奇妙有趣的領域，而且很科學，一點也不玄，等待我們及有興趣的團隊持續深入的理解與探索！

生物訊息與順勢療法

關於順勢療法，簡單的說，就是把草藥物質，不斷加水重複震盪稀釋，一直到根本檢測不出物質成分，這時等同只是純水，而對於這樣已經檢測不出原有物質成分的純水，順勢療法宣稱會有一定的治療效果。

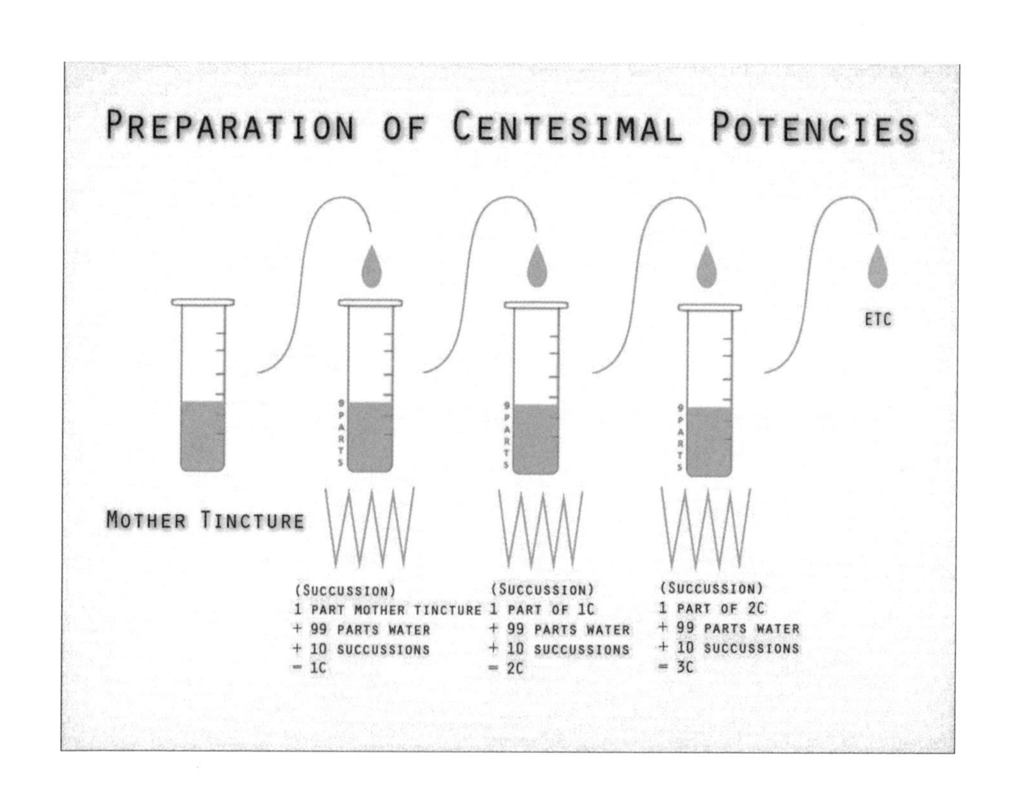

如果我們網路上搜尋，映入眼簾的就是一些眾說紛紜，毀譽參半的觀點。順勢療法在歐洲藥典是有記載的，有些歐洲國家甚至納入健保給付的，那爲何會有這樣截然不同的觀點呢？

前幾篇我們有提到過稀釋震盪的實驗，抗生素在反覆稀釋震盪的過程中，會將其訊息轉載入水中，這些水還會產生抑制細菌的作用。因爲水對於訊息的承載效應極不穩定與不確定性，這也之所以爲何在很多實驗統計之下，順勢療法並未能有明顯的效果？又或者必須在特定的使用方法下才會產生效果，例如：把人帶到山上去清修一段時間，才有效果。這是因爲順勢療法的水中所承載的訊息太弱，也會隨時間遞減，不足以突破病人身上的訊息屏障。

所謂的訊息屏障，前面提過是指人身上因爲疾病、體質、飲食、吃藥、節氣轉換……等造成的，對於外來訊息進入身體的障礙門檻。如果順勢療法的水的訊息強度只有20，而身上的訊息屏障高達50，那麼無效是顯而易見的，把人帶去清修的目的，就是經由控制人的生活作息飲食以消除訊息屏障，這時才可能出現效果。

如果訊息強度（卽爲共振指數）夠強，就會很容易達到比較高比例的人有感、有效果。而無效的原因就剩下幾類人：

1. 物質層面已經損害且不可逆者，例如洗腎病人。
2. 重度營養不良者，這是能量層面的問題，必須補充營養，從能量面解決。
3. 身上有特殊或嚴重訊息干擾的人。

所以，我們認爲，順勢療法其實就是西方自古的訊息醫學。但是，訊息的強度是順勢療法是否有效的第一道門檻；生物訊息技術所設定訊息的強度，乃至於生物訊息奈米微晶片的強大訊息記憶及發射功能，使得訊息的作用明顯、時間持久、使用方便。如果順勢療法能結合生物訊息技術，相信應該可以加強效果並擴大普及運用。

生物訊息與音樂治療

對於音樂治療這個領域，一般人大都只聞其名，未有深入的了解。從當下所謂科學的角度，很難想像爲何出自音樂治療師的音樂，能有治療的效果。

依據維基百科的說法：

「音樂治療（Music therapy），是利用樂音、節奏對生理疾病或心理疾病的患者進行治療的一種方法。主要是針對在身、心方面有需要進行治療的個案，針對其需要治療的部分，進行有計畫、有目的的療程。根據美國音樂治療協會（American Music Therapy Association）的定義，音樂治療是由有證照的音樂治療師以音樂作爲工具，根據臨床和實證過的音樂療程爲個案，設定客製化的目標並協助個案達成目標。在音樂治療中，音樂是一種工具，就像是復健科裡的復健器材，是輔助治療的工具。

紐西蘭音樂協會曾指出：

「音樂是一種強大而且有幫助的用具，用來建立溝通的管道，支持兒童和成人在心智、肢體、社會行爲和情緒的學習與重建。」

依據我們實際接觸與經驗，並對於這些音樂治療過程實際測試的結果，發覺很多音樂治療並無特定的曲譜，而是由老師對著當事人（可以是一人或者多人）心懷祝福之下，隨當時的意念所彈奏的曲子，確實能有不同的效果。在這過程中，我們從不同的音樂治療樂曲中，測得不同的生物訊息，而且具有不同的功能，結果遠超乎我們的想像。

就我們的理解，音樂治療是以音樂爲載波來傳送生物訊息，而這些生物訊息共有二類：其一是功能訊息（聽者聽聞之後能啟動經絡，例如肺經、或者肝經……不一），難怪被治療的人往往有意想不到的效果，甚至當場出現反應。其二則是外來的訊息，由於這方面通常涉及宗教，爲免爭議，我們就不多談。

音樂治療師從實際的經驗中都知道他的音樂可以有功用，至於爲何能有功用，可能本身也說不上來；再者，音樂治療師與氣功師一樣，都有人力及時間上的限制，如何藉用科技而能更有效率的惠及更多的人，除了分析音樂的生物訊息，藉由定性定量可以了解音樂的生物訊息內容，並可以在音樂錄製的過程當中，我們植入需要的生物訊息，加強音樂本身的訊息內容。我們認爲這其中應該就是生物訊息技術可以協助發展的地方。

生物訊息與微生物發酵

美國哈佛大學曾經做過一個大腸桿菌對抗生素的抗藥性研究，實驗的結論是：大腸桿菌只需要10天就可以演化發展成完全抗藥性，連1000倍的抗生素都無法抵擋。這個應該與電影侏儸紀公園裡面的經典台詞一樣，生命會自己找出路，如果我們使用的是壓制生命的方式，生命自行演化出生存下來的能力，那是毫無疑問的。

因此我們在使用生物訊息抑菌的處理方式，不採用威脅生命的方式，否則也同樣會產生抗藥性，而是採用營造一個細菌不喜歡的環境，讓細菌離開。我們前面在生物訊息與益生菌提過，生物訊息當中的共生訊息，可以讓13種個性及發酵條件迥異的益生菌可以共生發酵，讓優格的總益生菌數爆表

同時還可以在發酵過程中，同步使用各類不同功能經絡的訊息，使得優格同時具有超多菌種、超高菌數、無與倫比豐富的風味，以及促進健康的功能。

上述所謂的共生的訊息，並非引導及控制益生菌的生長，而是**營造中庸善良的環境氛圍，讓所有益生菌充分發揮個性，和平生長**，發酵的食物，除了優格以外，還有很多，例如：釀酒、醬油、製茶……等，如果生物訊息可以運用在益生菌的發酵上，其他的發酵產品，也應該都會有前所未有的可能性應用與發展空間。

此外，利用微生物於發酵過程當中進行微生物轉化融合，也是我們團隊成熟量化的技術。所謂的微生物轉化融合，就是在一個配伍成分的固態發酵過程中，使用特定的生物訊息，引導微生物發酵，讓微生物可以產生特定的次級代謝物，使其完成發酵過程後，具有特別的代謝產物及特定的歸經訊息。我們光看成分表雖然沒有特別之處，但卻是具有令人驚豔的效果。

農漁業的部分，也可以採用益生菌攜帶訊息的方式，使用土壤的硝化菌來改善土壤跟水質，這樣子比起傳統的方式對於土地及環境更加友善。硝化菌帶入的生物訊息也可以幫助農、漁、牧、動植物生長的更好。

廢水處理場也經常利用微生物群來處理廢水中的汙染物，微生物的處理方式比起添加化學藥劑來處理廢水，更加經濟與環保。因此，廢水處理場也可以嘗試研究生物訊息提升微生物的廢

水處理效率。

生物訊息對於微生物的發酵，可以說是業界前所未有的視野與技術，我們團隊期待與業者進行相關的深入研究及合作。

第三節
成為永續健康生活的重要支柱

生病代表人體距離中庸的偏差值大到產生相關的症狀。所謂的「藥」，是有偏性的，才能以偏治偏。生物訊息應該要在人體稍有偏差時，就協助予以導正回歸中庸。如果人體各經絡機能可以常保「中庸平衡」，便不致偏差到產生症狀，也就不需要吃藥打針，這才是養生保健的正確觀念。

生物訊息不是「藥」，必須擺脫傳統「藥方」的觀念，只要讓人體的經絡運行正常，人體本來就有調整回歸正常的機制。至於，何謂正常？就是「平衡中庸」，每個人的平衡點都不一樣，所以不當的、或過多的調整都是不恰當的。每個人的體質都不一樣，所以生物訊息並非預設一個固定值來調整身體，而是喚醒及提升身體的適應力，以達平衡中庸，這個觀念非常非常重要。

和諧平衡的身心／無藥生活的食衣住行

現代人面對環境的劇烈競爭，引發更多的心理疾病，很多人質疑究竟心理的問題會不會造成生理的問題？中醫常說的情志病，應該可以概括這些問題，所謂情志，是指喜、怒、憂、思、悲、驚、恐等人的七種情緒，中醫稱為「七情」。在正常情況下，七情活動對人體生理功能有互相協調的作用，不會直接致病。

但是，如果內外刺激引起的七情太過，超過身體負荷或是時間過長則可能導致多種生理疾病，《黃帝內經》在人的形體和精神關係方面，強調形神共養，尤其注意情志養生。現代人由精神因素引起的心理跟生理疾病已是常見、多發的狀況。因此，情志

養生就顯得格外重要。保持健康的心理才會有健康的身體

既然生物訊息無所不在，宇宙萬事萬物都有訊息，那我們就不一定要拘泥於藥品、保健食品、醫療用品才能維持身體的健康，所有的生活用品、食品、環境空間，乃至於食衣住行都能透過適當的介質運用，導入適當的生物訊息。

既然陰陽、五行、八卦都是生物訊息，那把風水的概念，用科學化的分析與配置，融入居住、辦公、公共場所等空間中，不就可以建立平衡中庸的環境空間。既然四氣、五味、歸經都是生物訊息，那把中醫養生的概念，用專業的配伍融入日常食品當中，不就可以建立平衡中庸的健康飲食。

生物訊息協助調整情緒

我們確實認爲生訊息可以幫助調整情緒，包括人及動物。由於各種情緒當中，也隱含了各種相對應的生物訊息，所以透過使用這些生物訊息，確實能夠影響及改變心情。我們已經可以檢測到50多種情緒當中的生物訊息，包括：喜、怒、哀、樂……等。使用量子共振儀可以偵測到當事人的各種情緒及其強度。訓練有素的人可以有讀心術，那是利用人的能力來感測生物訊息，但是使用儀器更可以在沒有誤差及干擾的情況下檢測出來。

我們都知道，不同的音樂聽了之後可以讓心情舒緩、愉悅、哀傷、興奮……等等。其實，音樂影響人的心情，不僅僅只是因爲音符的高低與節奏這麼簡單。經過我們的研究，同樣的樂譜，經過不同人的演奏或演唱，動人的效果可以天差地別。這是因爲演唱者或演奏者在表演的當下，其當時的情緒與意念以音樂爲載波推送出來，傳達給聽衆或觀衆。因此，表演者除了基本的技巧之外，其人生閱歷的厚度、表演當下的投入程度……均攸關是否

能打動人心。而音樂療癒的音樂當中所隱含的，就不只是與情緒有關的生物訊息，而是還含有各種啟動不同經絡的功能訊息，。

目前，業界致力研究以各式電磁線圈設備，利用脈衝改變情緒。但是，都還未能獲得市場上的認可。其原因是他們都只專注於電磁設備能偵測及製造出來的能量頻率，不知道隱藏在這些能量頻率背後的生物訊息。能量頻率與訊息是兩回事，這是一個非常明顯的例證。

除了音樂以外，低頻共振也可以是訊息的良好載波。因此，從商業觀點來看，在餐廳、賣場……等營業場所，我們可以用音樂搭配愉悅、舒緩……等生物訊息；而在健身中心，就可以用相關音樂搭配活力的生物訊息；在公眾圖書館或者家裡的書房，可能沒有音樂，可以使用低頻共振設備來搭配專注力的生物訊息。當然，也可以透過生物訊息奈米微晶片來做成各式的穿戴裝備或是紡織品，因此，應用的範圍及潛力可說是非常廣大。

值得一提的是，我們認爲生物訊息可以幫助與調整人的心情，但是並不認爲生物訊息可以「控制」情緒。原因很簡單，我們上面提到，情緒當中隱含了相對應的生物訊息，但不能說情緒等於生物訊息。情緒乃是心靈與意識的感知與活動，其運行的時候會產生相對應的生物訊息，也就是說，生物訊息是心靈與意識感知活動下的產物與表象，不應把生物訊息看成等於是情緒與意念這樣的心靈意識感知。我們認爲，心靈是無法透過「控制」與「壓制」來調整的。

生物訊息與農漁牧產業

動植物的生長都受到環境的陰陽、五行、節氣的訊息影響，環境的問題會造成植物生長的問題，成分與功效不同的性質很多來自於環境的賦予，晏子說：

「橘生淮南則為橘，生於淮北則為枳，葉徒相似，其味不同，所以然者何？水土異也。」

同樣的植物長在不同的地方，因為環境的不同，生長出來的性質也會不同。畜牧養殖、水產養殖也是一樣的道理，南方動物跟北方動物不同，太平洋的魚類跟大西洋的魚類也不同。古人說：一方水土養一方人，同樣的，不同的水土也會養出不同的動植物。運用不同的生物訊息，創造不同的水土環境，也是可以達到改善的目標，生物訊息在農業的解決方法，著重在幾個方面：

1. 恢復土地及空間正常的陰陽五行訊息，可以利用空間訊息的釋放，調整空間的訊息，控制生長、開花的週期。
2. 利用硝化菌培養的過程，帶入共生的訊息，讓有土壤益生菌之稱的硝化菌，能夠和諧共生，建立土壤健康的環境，引入更多元的生態系統。
3. 利用體質調養的訊息，透過施肥、噴灑的方式，讓植物本身擁有正常的體質，可以有效避免病害的影響。

在我們實際測試的結果，確實也得到不錯的回應。

生物訊息在水產養殖的解決方案，著重在幾個方面：

1. 利用空間訊息的釋放，調整空間的訊息，產生陰陽五行的平衡訊息，控制生長繁殖週期。
2. 利用硝化菌培養的過程，帶入共生的訊息，讓有水質改善益生菌之稱的硝化菌能夠正常繁殖，生命力更強，可以抑制害菌、穩定水質環境，避免環境惡化。

其他畜牧業的部分，包含調整雞隻養殖的緊迫症、情緒調整、疫病的控制、生長週期的控制等等，都能透過生物訊息的運用達成。其實高等動物的人類，都可以透過訊息的運用，達到養生保健的功能，其他的動植物差異並沒有很大。生物訊息的技術的應用關鍵在於需要什麼功能，就需要找到什麼生物訊息，有什麼生物訊息，就可以產生什麼功能，因此生物訊息在農漁牧產業的發展，才正準備要開始而已。

生物訊息與食物發酵產業

我們發現在食物發酵的過程中，確實有其中的一個階段，發酵的食物會記載環境中的生物訊息，我們的微生物轉融技術，就是藉由這種現象來植入特定的生物訊息，來調整食物的功能。以前我們常常都會聽到酵素要聽佛經，效果會比較好，一般人認知佛經會有好的訊息，所以發酵的酵素聽佛經可以加強功能，似乎是理所當然。

不過這樣的說法並不夠科學，因爲選擇的佛經裡面有什麼訊息？發酵的環境有什麼訊息？這些都是未知數，無法定性定量。我們發現佛經因爲不同人念、不同的經典、不同地方念、錄音方式不同，出現的生物訊息都有差異，也就是如果我們拿一個變數很大的生物訊息來源來當作發酵時的訊息植入，那不可預料的因素就太大了，萬一植入的訊息是不好的那怎麼辦！如果目前有一個生物訊息的技術，可以定性定量，可以精準的提供必須的生物訊息來源，可以在發酵的過程中，精準的植入所預設的生物訊息，這個應用就變的很有價值了。

所有的釀造產品：釀酒、醬油、製茶等等的依靠發酵過程的食品，都可以透過這樣的技術，事先規劃目標功能，並在發酵的過程中，植入預設的生物訊息，往後發酵的產品，將變得更多采多姿。

生物訊息與紡織及穿戴用品

生物訊息如何實現與紡織品及穿戴用品的結合呢？關鍵就是「生物訊息奈米微晶片」。在紡織品及相關穿戴方面，我們的具體方法是把「生物訊息奈米微晶片」與矽膠充分攪拌均勻，然後透過印花，固著在紡織品及相關穿戴用品上，或是熔入塑膠抽成紗線，紗線再織成布之後再灌錄所需要的生物訊息。

例如：生物訊息襪子、睡眠枕套、杯墊／杯套、袖套、護腕、護腰、護膝、眼罩……都是這樣的做法。由於這類紡織用品大都貼身使用，這樣用法的生物訊息晶片，雖然其有效距離2-3公分，也足以發揮作用。這些用品也可以結合加熱模組或者電擊模組，將生物訊息放大並推送至組織深處，進一步擴大有感度及有效度。

在電子穿戴方面，我們是將生物訊息奈米微晶片通過混煉植入塑膠薄板中，然後將薄板裁片黏貼於電子穿戴用品的藍芽模組上，藉由藍芽激發放大生物訊息，除了放大生物訊息的強度之外，藍芽的電磁波可以當成生物訊息的載波，可以使得生物訊息的有效距離擴大到方圓1公尺的距離。手機、智慧手環、iBeacon等有藍芽模組的設備也都可以這樣使用。

由於坊間的電子穿戴用品，大都只能監測，而搭配生物訊息晶片的電子穿戴用品，則搖身一變，提升爲可以主動調整身體、平衡及促進健康的功能，讓傳統電子穿戴用品的應用功能及價值大大提升。隨著更多紡織品、生活用品、穿戴用品的開發及應用，我們相信應該可以協助更多人，了解並體會到生物訊息帶來的健康促進及美好生活！

生物訊息與住宅空間

住宅空間一直都是我們非常私密的場所。在這個私密的空間裡，我們希望是可以舒服、放鬆、和諧、令人安心的地方。全世界近幾年來開始流行關注正能量的住宅，目前能做的也僅止於耗能的部分改善，讓建築物可以不去耗損過多的能源，達到正能量的目標。正能量這個名詞，用在人心的部分，應該是著眼於更正向、積極、光明、健康的情緒與感受。純粹從節能的角度來看建築物，似乎還是在能量、物質層面的營造

若是能把正能量的概念延伸到正訊息的方向，也許才能眞正提供一個健康、舒適的私密空間。前面我們提過的住宅空間生物訊息的營造，陰陽、五行、八卦的平衡；住宅用水的生物訊息平衡，陰陽、五行、十二經絡、奇經八脈的平衡；客廳應該營造舒緩平衡的氣氛；房間應該建立放鬆、舒眠的氣氛；書房應該保持理性、輕鬆的氣氛。對於環境以及外來的一般干擾，應該可以在回到家之後，除了洗澡、洗手清洗灰塵、病菌的汙垢，還需要清除這些外在的一般干擾，給自己一個和諧平衡的生物訊息場。這是不是才是我們夢寐以求的居住空間呢？

最終章

生物訊息發展的爲與守

人類的科技一直不斷在進步當中，即便一時之間有點困頓，但是以人類的聰明才智再加上努力不懈，當積蓄足夠的能量，突破瓶頸之後，又是一片廣大的空間前景。因此，我們不能說，科學昌明，一切人世間該發明的，我們都已經發明完了，所以太陽底下已經沒有新鮮事了。相反的，現代科學也不過200年左右的歷史，在浩瀚的時間長河中，實在不如蒼海之一粟。所以，科學還很年輕，有些事情，年輕的科學還不甚理解，但是絕對不代表當下科學所無法解釋的事情就是僞科學。對於科學暫時無法理解的事，我們持續努力，力求理解，這才是眞正科學應有的態度。

在努力研究生物訊息的過程中，我們也經常思考，應該很審愼的釐清哪些應該做？那些不應該碰？或者目前暫時不要碰？也就是我們必須奉行什麼樣的倫理準則？如何在我們前進的道路上畫出綠燈區與紅燈區？

有爲有守！

陳國鎭老師所描繪的生命的架構（如下圖），一直被我們團隊當作藍圖，我們努力的範圍，就在這深色虛線範圍之內的綠燈區。我們一直建議應該掙脫物質與能量的世界觀，力求明白並運用訊息來做應該做的事情。而這一塊的發展前景與空間已經無比巨大，大到未來的50-100年都不一定能做的完。對於人類健康的領域，已經如此，更何況是將生物訊息應用到動物、植物、微生物……上，未來的空間簡直不可想像。因此，這個領域，也就是

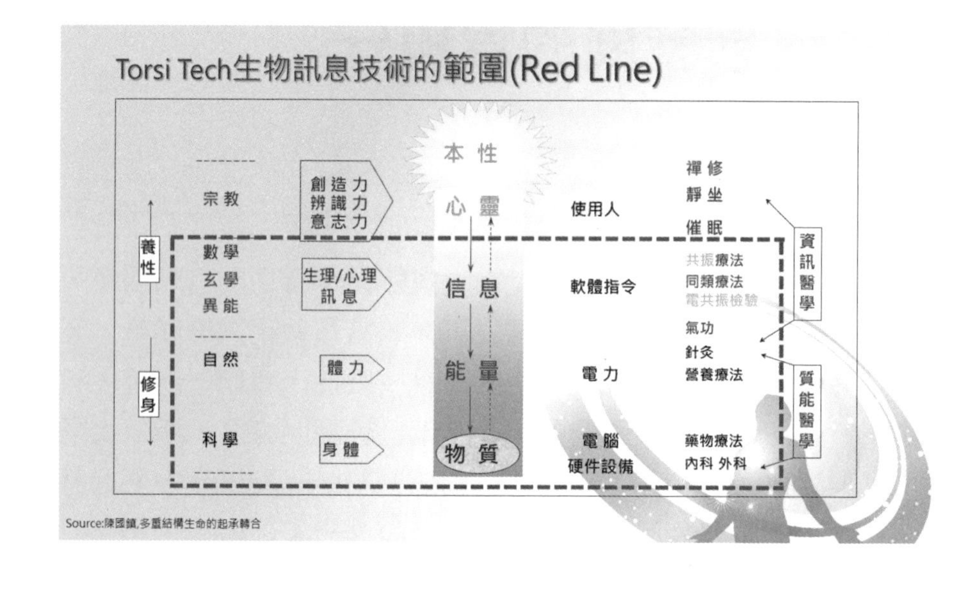

我們的綠燈區，已經非常足夠我們發展了。

當代的法門是科學，建構於科學上的事物，較易推廣及爲世人所接受，所以我們建構一個以量子力學技術爲基礎，可以解釋及驗證的生物訊息技術。物質、能量、訊息以外的領域不是我們心力與能力所及的範疇。

縱然生物訊息可以包含很多已知未知的現象，可以從不同的角度來詮釋，我們選擇從科學的角度來研究與驗證，並發展符合科學可以論述的技術與產品應用，對於其他更複雜的領域，我們確實也力有未逮，因此選擇不碰。

但是我們歡迎不同領域的先進與專家交流，也許我們的研究可以提供不同領域的參考，我們並不排斥提供相關的研究與經驗分享，生物訊息需要每個領域不同專長的人一起努力，才能成長茁壯、造福人類。

本書只是一個論述生物訊息的開端，做爲一個基本的概論，我們從最基本的理論到實驗驗證，從實驗驗證到實務運用，從不同領域的生物訊息現象說明到實證測量，提供未來研究及運用生物訊息的一個基礎參考，未來我們也會嘗試與不同領域的專家合作，推出在不同領域生物訊息的論述與運用實務，逐漸完善生物訊息拼圖。

國家圖書館出版品預行編目資料

健康鑰方，生物訊息／李順來博士、陳冬漢 合著. --初版.--臺中市：白象文化事業有限公司，2021.10

面； 公分

ISBN 978-626-7018-69-9（平裝）

1.分子生物學 2.微生物技術

361.5 110013794

健康鑰方，生物訊息

作　　者　李順來博士、陳冬漢
校　　對　李順來博士、陳冬漢
發 行 人　張輝潭
出版發行　白象文化事業有限公司
412台中市大里區科技路1號8樓之2（台中軟體園區）
出版專線：（04）2496-5995　傳真：（04）2496-9901
401台中市東區和平街228巷44號（經銷部）
購書專線：（04）2220-8589　傳真：（04）2220-8505
專案主編　黃麗穎
出版編印　林榮威、陳逸儒、黃麗穎、水邊、陳媁婷、李婕
設計創意　張禮南、何佳諠
經銷推廣　李莉吟、莊博亞、劉育姍、李如玉
經紀企劃　張輝潭、徐錦淳、廖書湘、黃姿虹
營運管理　林金郎、曾千熏
印　　刷　基盛印刷工場
初版一刷　2021年10月
定　　價　300元